河出文庫

星の旅

藤井旭

河出書房新社

星の旅　もくじ

星の旅

パオの星――モンゴル

　大つぶの雨がジープのフロントガラスに激しくたたきつけるたびに、外の景色はたちまちくしゃくしゃにゆがめられて見えなくなっていた。もう二時間以上も前からそんな窓ごしの風景をながめながら、私は出発まぎわにパオのおばあさんにいわれたとおり、今日は出かけるのをやめるべきだった、と後悔に似た気持で思い返していた。

「いつもの年だったら、あっという間に晴れるから心配ないんだがの、今年のゴビの天気は変なんじゃ。雨の降り方だって、これまで見たこともないような激しい降り方をする。ほら、あのグルバン・サイハンの山の方を見てごらん。きっとすごい雨になるよ。出かけるのはよした方がいいんじゃないのかね……」

「ああ、あんな小さな雲なら大したことはないさ。それに、あの雲がたとえ雨をもってやってきたって、夕方になるんじゃないかな。それよりどうしても早く行って聞いてきたいんだ」

私が聞いてきたいといったのは、モンゴルの人たちの間に語り伝えられているという星の名前のことだった。このパオのおばあさんは、私が到着早々、小さな望遠鏡を組み立てるのを見て、「ゴビの人は星にとっても詳しいよ。隣の家のおばあさんなんかすごくよく知っている」となかば自慢げに教えてくれたものだから、大いに興味をそそられ、私はさっそくその隣の家のおばあさんのところを訪ねる気になったというわけである。

しかし、隣家とはいっても、ゴビ砂漠では日本とはケタ違いに遠く、三十キロも四十キロも離れたところにある。だから歩いて「ちょっとお隣さんまで」というわけにはいかない。

ゴビの交通機関は、ふつう馬だが、私には乗馬の心得などまるでないので、ジープを出してもらうことになったが、おばあさんはどうしても気がかりなのか万一のことを考えて、モンゴル相撲の選手をしているスーホ君という屈強な若者を運転手として同行させてくれた。このスーホ君の同行が私にとって何よりも心強かったのは、彼がモスクワの大学で日本語を学んできたというだけあって、かなり達者に日本語が話せるという点であった。

ジープは、道もなにもない、真っ平らな赤土の砂漠を、砂煙をあげながら走りつづけた。ところが、悪いことにさきほどの雨雲はそれを上まわるスピードで追いついてきて、

雨が降ろうが雷が鳴ろうが、ゴビのふたこぶラクダは知らん顔で地平線にたたずんでいる。真っ平らなゴビの風景で凸凹があるのは、このラクダの背中だけだ。

ジープの上におおいかぶさってきたのである。

あまりの雨の激しさにちょっとした凹地はたちまち池と化し、赤茶けた大地はまるで油をぬった道路を走るように車輪を空まわりさせはじめた。スーホ君は、砂漠の真ん中で立往生することがどんなに恐いことかをよく知っているのだろう、上気した顔を私の方に向けると「車にしがみついていてくださいよ、とにかくこの場はつっきってしまわなきゃなりませんから」とどなるような大声でいった。そして、アクセルをいっぱいにふかして、スピードを上げようとしたが、結局のところ車は大きく二、三回バウンドして少し進んだだけで、押せども引けども動かなくなってしまった。

さすがのスーホ君も、「こうなっちゃあ、どうしようもありませんよ。あきらめて雨の止むのをとにかくまちましょう」というわけで、もう二時間以上も、どしゃ降りの砂漠の真ん中で立往生していたというわけである。

そんなとき、スーホ君が突然車から飛び出し、大雨の中で上着を脱ぐと、力いっぱいそれを振りはじめたのである。「どうしたっていうんだ」びっくりしてわけを聞くと、馬に乗った人が遠くを走って行くのだという。しかし、どう目をこらしても私にはそれらしい人影が見えない。やがて五分もたったころであろうか、馬に乗ったけしつぶのような人影がはるか地平線の上をかけぬけていくのが目にとまった。もともとモンゴル人たちの目のするどさには恐れいっていたのだが、このときはあらためて舌を巻いてしまった。

それにしても、これは海の上で大きな船に出会った遭難者が、懸命に布きれをふって助けを求める、という漫画に出てくるあの場面にそっくりではないか。まさか、大陸のど真ん中で、自分自身、あれと同じことを真剣になって演じることになろうとは思ってもみなかったことだけに、思わず苦笑させられてしまったが、われわれの期待もむなしく、馬上の人は気づいてくれたようすもなく、地平線の彼方へ消えていってしまった。

「そういえばパオのおばあさん、ゴビの広さは〝陸の海〟なんだよ、といってたけどほんとだねえ……」とのん気にいいながら歩きかけて、私は足元の感触の妙なのに気づき、見おろして仰天してしまった。ごく浅いながら、ジープのまわり三百メートル四方、いやもっと広い範囲に、いつの間にやら泥水がたまり、大きな池ができはじめているではないか。あっという間のこのできごとに顔色を変えたスーホ君は「ここは低地で危険です。ジープをすてて脱出しましょう」といいながら、大雨の中の大水の中をばしゃばしゃと走りはじめた。走りながら説明してくれたところによると、ゴビはひと雨で数十キロもある湖が突然できることがあり、非常に危険だという。私は恐ろしくなって夢中で彼のあとを追った。そのうち、なにやら大きな壁にぶつかりそうになってハッと立ち止まった。私の目の前には大きなふたこぶラクダがいて、その背中に三人の少女が乗って私を見おろしていた。

ゴビ砂漠だけにいるふたこぶラクダ。こぶが二つあるので乗り心地はたいへんによい。

スーホ君からことの次第を聞くと、彼女らはラクダからおりて、「お客さんだから」といって私をラクダの背中にむりやり押し上げ、雨の中を歩きはじめた。二つのこぶの間にはさまれて、ゆらりゆらりゆれているうちに、やっと「もう大丈夫」という思いがこみあげてきて、ふーっと大きなタメ息をついた。そんな私を彼女らは上目づかいに見あげながらクスリと笑った。遠くには真っ白なパオ（モンゴルのテント風の住居で現地ではゲルという）が三つ見えた。それが私の目ざした〝隣家〟だった。

パオの中に招き入れてもらってやっとひと息つき、ふと気がつくと、テーブルの上には馬乳酒やラクダのチーズなどの食べ物が、まるでいまにも食事をはじめるときのようにきちんとならべてあった。

彼女らの話によると、家畜を追っている家族は、夕方にならないと帰ってこないというのに、これはいったいどうしたことなのだろう、私の訪問がわかっていたわけでもないだろうにと、ぼんやり見つめていると、そんな私に気づいたスーホ君が説明してくれた。「ゴビではね、家人が留守でも、おとずれた旅人がけっして困ることのないように、留守にするときには、その旅人のためにちゃんと食事とたき木の用意をして行くんですよ。もちろん旅人は勝手に食事をして、黙って出かけて行っていいんです。自然の環境のきびしいモンゴルでは、昔からこうやって、おたがいに助けあって生きてきたのですよ」

私は、見ず知らずの旅人のために、食事の用意をしておいてから留守にするというゴビの人々の心やさしい風習を知って、思わず感動にちかいものをおぼえた。

その夜、どうしても私の口に合わない馬乳酒とラクダのチーズ、たしかに砂漠に生えていたニラのような草と思われる野菜入りスープを無理やりごちそうになりながら〝隣家〟のおばあさんから星の話をしみじみと聞かせてもらった。

「北極星はの、いつも真北にいて動かないんじゃ。それでモンゴルの人はあの星のことを、アルタンガタス、つまり、金のくさびで天に打ちつけられた星とよぶんじゃ、北斗七星はの、シャナガ・ドロウ、ひしゃくの七つ星というんじゃ、ほかにあれを七人の老人とか七人の神とよぶところもあるな……。おもしろいのは柄の先から二番目の星にくっついている小さな星じゃて、ゴビの人はみな目がいいからすぐわかるが、おまえさんには見えるかの……。あれは七人の神がメチトから盗んできた星なので光が弱いのだそうな。メチトというのは、ほれ、冬の空に見える星のかたまりのことよ。ふむ、日本では〝すばる〟というのか……。それだもんでな、昔の盗っ人たちは、あの星は神として祈ったそうな。もちろん、今のモンゴルにゃ盗っ人なんておらんわいな。アハハハ……」

おばあさんは、しわだらけの顔を笑いでよけいにくしゃくしゃにしながら、さも愉快そうに話をつづけた。いつの間に晴れわたったのだろうか。パオの天井にあいている小さな天窓の中に、無数の星がきらきら輝いて、まるでいまにもパオの中にこぼれ落ちてきそうであった。

砂漠の金星食――ゴビ砂漠

びしょぬれになりながら、ころがりこむようにしてパオの中に飛び込み、やっと「助かった」という思いがこみあげてきた私は、「ほーっ」と大きな息を吐いて胸をなでおろした。パオの外では、あいかわらず激しい雨音と、バリバリ耳をつんざくような雷鳴がとどろきわたり、夜空を走り狂う稲妻が、真暗な砂漠を明るく照らしだしている様子が、パオの中にもれてくる稲光りでよくわかった。

息づかいがいくらか落ち着くと、私はずぶぬれになったからだを、衣服の上からタオルで拭きながら、「雨にぬれたときは風邪をひかないように特に注意しなさい。こんなところで肺炎にでもなったら、もうどうしようもないのだからね」といっていたおばあさんの言葉を思いだし、あわてて衣服を脱ぎすてるとベッドの毛布にくるまった。そしてポットの中の紅茶をコップに注ぎながら、ゴビ砂漠の天候の移り変わりのあまりの激しさにいささかあきれはて、「なんてバカげた天気なんだ」と思わず大声でさけんでしまった。

その日の宵は、例によってすばらしい天気であった。私は夕食のあと、やっと涼しさをとりもどしたパオの外に出て、心地よい風に吹かれながら散歩しているうちに、ふと、あかね色にそまっているはるかなゴビの地平線上に、鎌《かま》のように細い二日月と金星がならんでいるのを見つけ出した。「まだしずまないでいたのか」と、パオの中から大急ぎで望遠鏡を持ちだすと、筒先をほとんど水平な向きにして、この二つを視野に導き入れた。

視野の中では、金星もやはり二日月と同じくらいに細く欠け、その様子はまるで親子の〝二日月〟がぴったりよりそってならんでいるように見えた。そして、この大小二つの〝月〟は、地平線にいくつもの小さなぎざぎざの突起となってとびだしているはるかなアルタイ山脈の峰々にひっかかりひっかかりしながら、ころがるようにしずんでいこうとしていた。それは、月と金星が地平線の向こうにしずんでいくというより、むしろ、その前面に地球がゆっくりわりこんできて、月と金星が相ついで地球に食されていく、とでもいった方が似つかわしいようなながめだった。

私は望遠鏡の視野の中のそんな光景に見入りながら、今日の昼間起こった金星食のすばらしく幻想的な光景を、あらためて思い浮かべていた。今日の昼間、この付近で内合直前の金星が月齢一・八の細い月にかくされるという珍しい現象が見られることは、前々から知ってはいた。が、なにぶんにも日中の、それも太陽のごく近くで起こる現象とあっては、いくらなんでも肉眼でながめるのは無理だろうと、はじめからきめてかかっていた。ところが、このゴビでは、太陽が東の空から昇ってきたあとでも、木星がしばらくの間、青空の中に見えているという光景をたびたび目にしたものだから、これだけの透明度の空なら、ひょっとしたら金星食も見えるかもしれないぞ、とだんだん期待を大きくもつようになっていた。

そして、今日の昼間、食の時刻がいよいよ近づいてから、思いだしたように青空を見あげると、なんと、太陽からわずか二十数度しか離れていないところに糸のように細い白い月がいて、そのすぐそばに小さな金星がぽちんとくっついているのが見えるではないか。私はうかつにも望遠鏡を組み立てていなかったことを悔やみながら、とにかくパオの前の涼み台の上においてあった双眼鏡に手をのばした。双眼鏡の視野の中では、金星の小さな姿も月とまったく同じ形に欠けていて、むしろ月よりずっと明瞭なりんかくを見せていた。やがてその金星は、月の白く光っていない方からかくされはじめたので、みるみるうちに奇妙な形に変化しながら、終りには三日月形の両端を青空の中に残して、ふっと消えてしまった。

この広大なゴビ砂漠。夜は、星のあるなしで、そこから上が空、下が地面だとわかる。夏の日中は40℃と暑く、夜は0℃ちかくまで冷えこむ。

「今夜も星を見るんだろう。だったら紅茶を飲んでいきなさいよ」向こうのパオからおばあさんが大声で呼んでいる声が聞こえてきて、私はわれに返った。望遠鏡の視野の中の金星と月は、もう黒い地平線の下に消えていた。おばあさんのパオに行くと、大きなコップになみなみと紅茶がついであった。私が紅茶をいかにもうまそうに飲むのを見ながら、おばあさんは「どう、おいしい」と聞く。「うん、じつにうまい」と答えると、おばあさんはいかにもうれしそうに目を細め、「ゴビの地下水だからね」と自慢そうにいった。

私は、コーヒーより紅茶が好きな方であるが、それならば紅茶の味にうるさいかというと、そうでもなく、味に関しては無頓着といっていい方である。ところが、このゴビの紅茶のうまさだけには、最初の一杯から感心してしまった。初めは紅茶そのものに秘密があるのだろうと思っていたのだが、よく聞いてみると、それはゴビの地下からくみあげた水によるもので、これがまたじつに紅茶によく合い、その点はこの地を訪ねる誰もがみとめるということであった。

紅茶がうまいといっていつもほめるものだから、おばあさんは私が飲み終るのをまっているかのようにして、またすぐになみなみとついでよこす。それでつい、つづけて三杯ぐらい飲んでしまうこともあったが、今夜はさすがに二杯どまりにしておいて、例によって望遠鏡を肩にかつぎあげるとカメラのバッグをその筒先にぶら下げ、パオから遠く離れたところまで歩いて出かけることにした。

ゴビの砂漠の夜は、さぞかし真暗で、歩くのもたいへんだろうと思われるかもしれないが、これが意外にも明るいのである。なぜかというと、夜空に輝いている無数の星が、地上を明るく照らし出しているからである。日本では〝星明り〟などというものはほとんど経験しないが、ゴビではひとつひとつの星の明るさがおどろくほどで、白い紙の上に手をかざすと、夜空に輝く星々の光で、ちゃんと五本の指の影ができるくらいなのである。

ところが、地上は真暗でないのはよいとしても、こんどは地面に凹凸らしいものがないので、うっかり遠出してしまうと、いったいどっちの方向から来たのかさっぱり見当がつかなくなって、あの広大な砂漠のど真ん中で迷子になってしまいかねない。もちろんゴビの人々にはそんなことはないのだろうが、なにしろ不案内な私にとっては、これが夜の外出で最も恐ろしく気味の悪いことであった。じっさい夜、考えごとをしながら歩いているうちに、思いがけずパオからずっと遠くに離れてしまっていて、ひやりとさせられたことも何度かあったくらいである。だから夜の外出は星がたよりであった。右手に北極星を見て十分歩き、そこから直角に曲って南へ十五分歩いたということを記憶しておいて、帰りにもそのとおりの速さで歩いて戻ると無事パオに帰り着けるというわけである。

その日も、そのとおりのことをしながら、パオから二十分も離れたところにやってきて望遠鏡をセットし、星座の写真撮影などをはじめていた。一コマ、十五分露出で、たてつづけに八コマ撮ったところで、あお向けに寝ころんでひと休みしながら星空を見あげた。

頭上には太く濃い真白な天の川が横たわり、南の空へ勢いよく流れ降っていた。いて座のひときわ太く濃くなったあたりで、くっきりと真横にしきられ、そこから下に星影が見えないのは、たぶんそこが地平線になっているからなのだろう。星は、天の川の中にも、その両岸にも満ちあふれ、まるで丸天井から糸でつるされたように私の目の前にぶら下がって輝いている。大昔の人々の宇宙観に、天から星が糸でぶら下がっているように想像していたものがあったが、こんな光景を目にすると、あれはけっして間違ってはいないのだ、という思いにかられてくる。

北の空に目を移すと、そのかなり高いところで、北斗七星がひっくり返り、その近くに私が出かけてくる直前に三人の天文ファンによって発見された小林・バーガー・ミロン彗星（一九七五h）が、青い頭からかすかな尾をななめにたなびかせているのが見えた。「はて、彗星のあの青い色は、どこかで見たような気がする……。どこだっただろう……。そうか、あれは氷河の色と同じじゃないか」新天体の発見といえば、こんなにも星があふれていては、たとえば新星の発見などは、かえってめんどうのようにも思えてくる。もっとも、こんなところで見つけたところで、それを誰にも知らせることができないのだから、新天体発見など考える気にもならず、その点に関しては甚だ無責任でいられるような気がして、おかしくなってしまった（じつは、ゴビから帰った直後に、はくちょう座に明るい新星が現われた。私がゴビで星を見あげていたころ、三千年前に爆発した星の光は、地球へあと二週間のところまで迫ってきていたのだ。もし、この新星のことを何も知らずにゴビで見たら、私はやっぱり相当に狼狽したことだろうと思い、胸をなでおろした）。

また流れ星が二つならんで飛んだ。砂漠をふきぬけるそよ風にふかれながら、こんなところに寝ころんで星空を見あげると、とりとめのないことがつぎからつぎへと頭へ浮かんできては消えていく。私は再び起きあがると、また星座写真を撮りはじめた。
午前二時ごろだったろうか、東の空にマイナス八等級の大流星が、青白い炎につつまれながらはるか地平線の方向に飛んで二つに割れて消えた。マイナス八等というと、もう半月にちかい明るさだから、一瞬、砂漠全体が青白く照らし出され、どこかよその星の世界で宇宙を見あげているのではないだろうかと思わせるような幻想的な光景であった。

私の望遠鏡はゴビの子ども（大人も）たちの世にも珍しいおもちゃ。子どもたちがひきあげたあと、望遠鏡はいつも泥だらけになっていた。

「ジンギス・カンは星占いにこっていたそうだから、今のような大流星を見たらなんと判断しただろうか。進軍だろうか、それとも退却だろうか……」私にはそれはたぶん進軍だろうと思えた。その流星が、はるか地平線の彼方を目ざして進めと指示しているように見えたからである。流星の消えた方向を見つめながら、遠い昔のこの地の英雄に思いをめぐらせていると、こんどは背後でパッと地上を明るく照らし出す光が走った。「また大流星か……」と振り返ると、西空にひとつの星の輝きもない真暗な部分があって、その方向からザーッと水のあふれてくるような、じつに異様な音が聞こえてくるのである。何ごとかと、判断をくだしかねていると、その部分からピカッと稲妻が飛び出してきて星空の中を走るのが見えた。

「雷だ、あの黒いのは雷雲なんだ」私は仰天してしまった。この真っ平らな砂漠の中で、いちばん高く突き出しているものといえば、私自身ではないか。しかも、そばには〝金属〟のかたまりのような望遠鏡とカメラがある。私はとっさに望遠鏡とカメラを肩にかつぎあげると、夢中で北極星を道しるべに、もと来た方向目ざして走りだした。しかし、黒雲の足はそれよりも速く、文字どおり、あっという間に私の上におおいかぶさってきた。激しい大つぶの雨とともに稲妻がすぐそばをかけぬけ、天と地の間に火柱となってまっすぐに立った。「ドカーン」という激しいショックに気も動転した私は、望遠鏡とカメラを思わずほうり出して耳をふさいだ。

稲妻はあたりかまわず走りまわり、北極星はもう黒雲の中にのみこまれて見えない。完全にパオの方向を見失ってしまったのだと気づくと、私は生きた心地もなく、大雨にぬれた大地にだらしなくすわりこんでしまった。そのとき一瞬の稲妻の中に真白なパオの姿が地平線に小さく浮かびあがるのが見えた。「パオが真白なのは、こんなときの目じるしになるためだったのだろうか」私はもう夢中で、中腰のまま、はうようにしてその方向を目ざした。どれだけ走ったかはわからないが、とにかくころがるようにしてパ

ゴビ砂漠は真っ平ら。飛行機もまったく適当に降りてきて、まるでバスみたいにパオの前に止まる。

オの中に飛びこんだのだった。

夜明け近くになって、パオからそっと首を出すと、はるか遠くにほうり出してきた望遠鏡とカメラが雨でびしょぬれになっているのが見えた。「こう雷雨が激しくてはとりに行くわけにもいかないし……」、まあ、まだ雷に直撃された様子がないのがなによりだと思うしかないな」などと、さきほどの恐怖心はどこへやら、のん気に見つめていると、一匹の黒い牡山羊がびしょぬれになって私のパオの前を通りかかった。「や、お前さん、そんなにぬれてどうしたい」と声をかけると、山羊はあの特徴のある横長のひとみで私の方を見ながら、「メエエ」と鳴き声をあげた。私はこの牡山羊には一昨日、してやられたことがあったので、少しばかりうらめしく思っていた。

それはおとといの朝のことである。私はかねてから、このゴビ砂漠で恐竜の卵の発見された地を、ぜひ見学したいと思っていたので、スーホ君にたのんで連れて行ってもらうことにしていた。朝、いよいよ出発となったとき、スーホ君が、何を思ったか山羊を一匹連れていくというのである。はて、恐竜の卵と山羊の間に何か関係でもあるのかと、不思議に思い、「この道連れはいったいどういうことなのか」とスーホ君に聞くと、なんと彼は「これは弁当だ」というのである。これにはさすがの私もびっくりしてしまった。彼のいうところは、つまり、この山羊を途中でつぶして昼食にしようというのである。私は、とうとう〝弁当〟持参でなければ行かれないという〝恐竜の卵〟見物はあきらめることにした。

こうして、この山羊は危うく命びろいしたわけであるが、そのあとがいけなかった。妙に私になついてあとについて離れないのである。私はつきまとわれて格別悪い気もしないから、彼のするにまかせておいた。ところが、なんと、私がせっかく聞いてきた星の名をメモした紙が机の上にあるのを見つけると、じつにうまそうにそれをクチャクチャと食べてしまったのである。「あー」私は青くなって叫び声をあげたが、あとのまつりであった。

その一件を聞くと、おばあさんは愉快そうに笑いながら「がっかりしなさんな、あの山羊は利口ものでね、モンゴルの星の名を本当に調べる気だったら、またこのつぎにゆっくりでなおしておいで、といってるんだろうよ」といって私の肩をたたいた。私はそれはたしかにそういうことかもしれないな、と考え、そのときはあきらめもしたのだが、いま、また、その山羊に訪ねて来られて、なれなれしく「メエエ」とやられると、やっぱりうらめしい気がしないでもなかった。

そのとき、パオの部落の人々が手に手にスコップを持ってあわてて走りすぎていくのが目にとまった。

「こんなに朝早くどうしたの」と聞くが、誰も耳をかしてくれない。そのうち血相を変えたスーホ君が走り寄ってきて、荷物を全部高いところへ上げてくれという。ただならぬようすにわけを聞いてみると、この激しい雨で、山々からあふれ出した水が鉄砲水となってこのパオの部落に向かって押し寄せてきているというのだ。「だから、パオのまわりに堤防を築いて水を防ぐのです」

山々といえば、ここでいちばん近いのはアルタイ山脈の東端である。そのふもとまではざっと五十キロ以上も離れているというのに、そんなところからはるばる洪水が押し寄せてくるとはとても信じられることではなかった。ところが、スーホ君のいったとおり昼ごろになって、高さ三十センチ、幅はざっと五百メートルもあろうかという鉄砲水がザワザワと無気味な音をたてながらパオを襲ってきたのである。幸いなことに、幅ばかり広くて水の高さがさほどでもなかったので、パオの中は〝床下浸水〟程度ですんだが、それにしても星空を走る稲妻と大雨と鉄砲水という、砂漠にはあるまじき天気のトリプルパンチには少々あきれてしまった。

何事も起こらなければ、生き物も多く住んで緑のあるゴビ砂漠ほどのんびりした静かないいところは世界中にそうはないだろうと思う。しかし、ひとたび荒れだすと手がつけられない暴れん坊と化してしまう。ゴビの人たちがゴビ砂漠を生きた砂漠とよび、古くから天を祀り祈ったといわれるのも、今回のできごとでよくわかったような気がした。

ジンギス・カンの都カラコルム——モンゴル

モンゴルの国土の様相は、きわめて明瞭に二つに大別される。ひとつはどこまでもつづく広大なゴビ砂漠であり、もうひとつは緑のじゅうたんを敷きつめたようなハンガイの大草原である。

モンゴル有数の温泉保養地として知られるホジルトの街は、このハンガイの大草原のほぼ中央にあった。私は、ここからジープで、かつてのジンギス・カン（モンゴルではチンギス・ハンという）の宮殿跡といわれるカラコルムへ向かった。同行のスーホ君は、「カラコルムへ行ったって、小さな土盛りと石亀が一匹あるだけで、何てことないですよ。行ってがっかりしたって知りませんよ」などと、しきりにぶつぶついっている。

ジープは、人や家畜が通っているうちに自然にできてしまったような、りんかくのはっきりしない草原の道路を走りつづけた。そして時々は橋のない小川を何本か横切り、そのたびに車の座席まで水びたしになった。およそ一時間も走ったころであろうか。ジープはいきなりわき道にそれ、何百頭という馬を放し飼いにしているパオの前で止まった。「知り合いの家ですから、ちょっとひと休みしていきましょう」

スーホ君がジープを降りると、音を聞きつけたのか、中からおじいさんとおばあさん、それに大勢の子どもたちがぞろぞろ出てきた。「日本からの珍しいお客さんです」スーホ君がいうと、おじいさんは、しわだらけの顔に満面の笑みを浮かべ、「よく訪ねてくださった」と、私の肩をだくようにしてパオに招き入れると、さっそく牛乳とチーズと馬乳酒を、大きな茶碗に入れてさしだしてくれた。私は、馬乳酒のすっぱいような味がどうにも苦手だったので、牛乳の方がいいと勝手なことをいって、子どもたちの好奇の目の中で、そればかりを三杯も飲んでしまった。

人との出会いの少ないモンゴルでは、訪ねてくるお客さんをとても大事に親切にもてなす。それが外国からの客となればなおさらのことであったが、子どもたちは、顔形のそっくりなこの人が、どうして外国人なのかと思ったらしい。不思議そうに身じろぎもせず、じっと私の顔に見入っている。そのうち、おばあさんが年長の男の子に命じた。

「この人を馬に乗せてあげなさい」

私は、もちろん乗馬の心得などはない。ちょっとひと休みが、これはえらいことになったぞと思って、スーホ君の方を見ると、彼はにやりとしながら「乗ってみなさい」と

青春のジンギス・カンが駆けたハンガイの大草原。数千頭のモンゴル馬をはじめ、ヤク、山羊、牛などが放牧されている。

いうように、目くばせした。しかたなしにパオの外にでると、その男の子は、向こうから疾走してくる馬の背に、まるで曲乗りのようにパッと飛び乗ると、一気に駆けだし、群の中から白い一頭の馬を連れて戻ってきた。

私はもう覚悟をきめ、お尻を押してもらって馬の背にまたがった。モンゴル馬は小柄である。だからそれほど恐ろしくはなかったが、後ろで誰かがひとムチくれて馬が走りだした（本当はトコトコ歩いただけだという）ときには、さすがに悲鳴をあげてしまった。汗をかきかきパオのまわりをひとまわりして戻ってくると、スーホ君がいった。

「どうです。この先は馬で行きますか」

「とんでもない」私は即座に首を振っ

十六世紀に建てられたラマ寺院の外壁。今は数人のラマ僧が管理するだけ。

た。そのとき、はるかな草原を、モンゴル馬にまたがった一隊が駆けていくところが目にとまった。それは、ここらではごくふつうの光景であって、女の人でも子どもでも遠出するときは、みなそうして草原に馬を駆っていくらしい。モンゴルの人々は、今でもやはり騎馬民族なのである。だから、子どもたちは当然外国の人もそうできるものと思いこんでいたらしく、満足に馬にも乗れない私が、むしろ不思議に思えたようであった。

　私たちは再びジープで出発した。しばらく行くと、遠くの草原に見なれないまっ黒な石がひとかたまりになっているのが見えた。「止まって！」という私の合図に、スーホ君は「どうしたのです」とけげんな顔できく。それには答えず、小走りにその黒い石のところに行って取りあげてみると、それはただの石ころであった。「残念、隕石かと思ったのに……」とつぶやくと、スーホ君はそれを耳にとめて「それはこの前、街の人たちが持ってきて捨てた、ただの石ころです」と大声をあげて笑った。そして「天から降ってきた石なら、ウラン・バートルの中央博物館に行けば見られます」とつけ加えた。

カラコルムに近づくと、集団農場の近代的な建物とともに、パゴダをならべたような壁をめぐらせた壮大な遺跡が見えてきた。「ほら、カラコルムって大した遺跡じゃないか」と指さすと、「あれは十六世紀に建てられたエルデニズウというラマ寺院です。カラコルムの遺跡はあの後ろにあります。まず、ラマ寺院を見学してから行ってみましょう」。

管理人に案内されてラマ寺院の中庭に足をふみ入れると、すでに傾きかけてはいるが、昔日のおもかげをとどめている派手な色彩の寺院が、ぼうぼうと生い茂った草の中にいくつか立っていた。八百メートル四方のこの塀の中では、かつて千人にもおよぶラマ僧が生活していたという。そして、そうしたラマ僧がカラコルム崩壊後の六百年間、モンゴルを中世的沈滞の中に閉じこめてしまった結果、モンゴルは完全に世界史の舞台から忘れ去られてしまったのだともいう。

「お経を唱える人はいても、生産する人がいないのですからね、国力は衰えます。なにしろ人口が一時はわずか二、三十万人にまで激減してしまったのですから……」そのわけがなぜだかわかるかといいたげに、スーホ君はにやりと笑った。そして「ラマ僧は、終生独身なのです」といった。

ラマ寺院を出て、塀の裏側にまわると、草原のむこうに、わずかな土盛りがあって、

カラコルムはジンギス・カンとその後継者たちの夢の跡。大帝国の往時を知るものはたった一匹の石亀と後方のわずかな土盛りだけ。

その前に石の亀が一匹すわっていた。スーホ君はそれを指さすと「ほら、何もないっていったでしょう」私は目を疑った。これが、あの小さなモンゴル馬を駆って、東では中国を侵略し、西ではローマ帝国を脅かし、じつに世界の三分の二を支配する大帝国をうちたてた、ジンギス・カンとその後継者たちの都、カラコルムの跡なのか。かつて壮麗な高楼の建ちならんでいたこの大都市が、やがて中国から逆に攻め入った明の兵によって、徹底的に破壊されてしまったことは聞いていたが、それにしても、ジンギス・カンの成しとげたあの大事業の結末が、この石亀たった一匹だけに集約されてしまうとは……。私は、石亀の背中に、近くでひろった小石をひとつのせた。それはスーホ君から、旅人はこの背中に石を積んでいく風習があると聞いたからである。

ホジルトに帰りつくころには、あたりはだいぶ暗さをましてきていた。ジープの中から南西の空を見ると、細い三日月と金星がならんで輝いている。しばらくながめていると、そのそばを大きな火球がひとつ火の粉をまき散らしながら飛んでいくのが見えた。私は、戦いにのぞんでは、いつも占星術師を従えていた、といわれるジンギス・カンのエピソードを思い出した。それは、彼の最後の戦いとなった一二二六年の西夏との戦争の時のことである。彼は何を思ったか、突然、全軍に攻撃中止命令を出すと、モンゴルにさっさと引き上げさせてしまった。なぜ彼が突然そうした行動に出たかは、未だに謎とされている部分であるが、天文学者の中からは、当時にさかのぼって惑星の位置を計算した結果、その年の十一月から十二月下旬の夕方、南西の空に、当時知られていた五大惑星のすべてが集まって見えたからではなかったのか、とする説が出されている。

星から生まれたという家系伝説をもつジンギス・カンが、星占いによって行動を起こしていたことも充分納得できることである。戦いの途中で、このようすを見た彼は、惑星が一堂に会して、自分の運命を相談しているように見てとったのかもしれない。常勝の彼が、勝利を目前に引き上げ命令を下すには、よくよく不吉な前兆とみてとったにちがいない。事実、彼は、引き上げの途中、モンゴルに帰り着く前に急死してしまうことになるのである。

そんなことにあれこれ思いをめぐらし、急に思いだして「今夜あたりジンギスカン鍋でもでないかなあ」とつぶやいてみた。運転していたスーホ君がびっくりしてこちらを向き、「えっ、それなんですか」と聞きかえすのを見て、やっぱりあれは日本製の料理だったのかと合点した。

初めての星々——ニュージーランド

私が初めて南半球に星をながめに行くことを思いついたのは、三年前の春先のことであった。ちょうどそのころ、明け方の真南の空低くケンタウルス座のω星団が見えていて、私は、これを、白河の観測所の屋上にある大型双眼鏡でながめているうちに、ふと、この星団を頭上にあおいでみたら、どんなにすばらしいことであろうか、と思ったのである。

さっそく地図をながめてみると、かねてから一度は訪ねてみたいと思っていたニュージーランドが、南極をのぞけば最も南に張り出した陸地であることがわかった。南に張り出しているということは、それだけ南極付近の星が高くなって見えるということであり、南の星見物には欠かせない、重要な要素である。ニュージーランドの緯度は、南におよそ四十五度。ということは、赤道で折り曲げて北半球に重ねると、だいたい北海道北部の高緯度に相当することになり、オーストラリアやアフリカの先端より、はるかに好条件である。もちろん南米の先っちょには、もっと緯度の高く張りだした部分があるが、あそこはどうにも天気が悪いらしいから、星見物の候補地としては、最初から問題にならない。

かくて私は、木製の格納箱におさまった小さな望遠鏡を片手に羽田を出発。シドニーにちょっと寄り道したあと、いよいよ夜の便でニュージーランドに向かった。「間もなくクライストチャーチに到着します。空港の天気は曇りです……」という機長のアナウンスを耳にすると、飛行中、ずっと双眼鏡をかざし、小さなガラス窓ごしに南天の星をながめていた私は、ちょっとがっかりして「ああーあ、ニュージーランド入りの第一夜が曇りとは、ツイテいないな……」とため息まじりにつぶやいた。

しかし、真暗な空港に降り立って、ふと頭の真上を見あげ、「ややっ」と声をあげてしまった。それもそのはず、銀河の中にうずもれた南十字星とケンタウルス座のα星β星のきらめきが、いきなり目にとびこんできたからである。到着ごろ急に晴れあがったのだろう。きらきら輝く頭上の星々の中には、私が白河の観測所で、いつも南の地平線低くにながめていたケンタウルス座のω星団のいつになく明るい大きな光芒もあった。それを目にすると、私は間違いなく南半球にいて、白河の観測所とは逆だちするように立っているのだ、というぞくぞくするような快感が背すじを走るのをおぼえた。

「クライストチャーチの到着予定時刻が午後十時で、シドニーの出発が四時間遅れたんだから、えーと、いまは午前二時すぎか……。こちらは夏の終りでまだ夜が短いんだったな。すると、もうすぐ夜明けじゃないか。これはたいへん……」大あわてでホテルに飛びこむと、到着早々だというのに、もう望遠鏡の箱をひっさげて外にとびだした。ネオンなどというものは、ほとんどないといっていいくらいの街だから、街の中にもかかわらず、空は暗く、南天の星々がじつにあざやかな輝きを見せてくれている。「期待して来ただけのことはあったな……」最初の夜から、こんなすばらしい晴天に出くわし、興奮しているせいか、夜明けが近くてあわてているせいか、望遠鏡を箱から取り出して、こまごま組み立てる手が、なんとももどかしく感じられてしかたがない。やっと組み立て終わって、「シャッターの切りはじめは、やはり南十字星からにしよう」などとひとり言をいいながら、ガイド撮影をはじめると、最大光度にちかい金星が、文字どおりぎらぎらと輝きながら、東の森の上に昇ってくるのが目にとまった。

「もう少し遅く出てくれればよいものを……」夜明けを告げる〝明けの明星〟の登場に、不平をこぼしながら、五コマほど撮り終わると、もう薄明が始まってしまっていた。旅の疲れもあったのだろう。望遠鏡を片づけるのがめんどうになり、そのまま道路わきの草むらにごろんと寝ころんで、ひとつひとつ姿を消していく星と、しだいに青味を増してくる夜明けの空に見入っているうち、いつの間にやら眠りこんでしまったらしい。

ガーデン・シティとよばれるクライストチャーチは、家々の庭さきをのぞき見しながら散歩するだけでも楽しめる花の街。これは公園の中で見かけたレストラン。

どれくらい時間がたったころであろうか、朝日のまぶしさと、何やら快い香りにふっと目をさまし、寝ぼけまなこできょろきょろあたりを見まわすと、これはどうしたことだ。あたり一面に花が咲き乱れているではないか。「しまった。夜中でわからなかったが、ここは花壇の中だったのだ」びっくりして起きあがると、私の寝ころんでいた一角が、特別に花壇というわけでもないらしい。そこらの道端も、こぢんまりした住宅の塀も庭も、花だらけなのである。「なるほど、公園のような町だとは聞いていたが、これほど徹底して、街中が花だらけとは思ってもみなかった。さすがにガーデン・シティと呼ばれるだけのことはあるな」

望遠鏡を片づけるのもすっかり忘れて、あちこちの家の庭を勝手にのぞきこんでいると、早起きして庭の手入れをしていたらしいおばさんが、花の中からひょっこり顔を出して、いきなり「あたしのところは、今回は残念だったけど、この次はきっと入選してみせるからね」といった。何のことかと思って聞いてみると、この町では、毎年花壇のコンクールをやるのだそうである。

「どうりで花の手入れが行きとどいていると思った。それにしてもこれだけの庭が入選しなかったとなると、一席の家の庭はどんななんだろうね」と、さらに人気のない街を歩いて行くと、コダックの看板をかかげたカメラ屋が目に入った。「こんなところでもトライXなんて、むつかしいフィルム売っているのかな」とひやかし半分にショーウインドウをのぞきこむと、なんと店の中からも、この店の主人らしい人のよさそうなおじさんが、こちらをのぞいているではないか。彼は、私と視線が合うと、いきなり日本語で「ありがとう、ありがとう」を連発する。

これまでにも感じていたことではあったが、ニュージーランドの人は、いったいに親切で、日本びいきなところがあるらしい。それで、私もつい気をよくして、「ありがとうを先にいわれたんじゃ、買わないわけにはいかないし……。じゃあ、トライXある」ということになってしまった。「ええ、それはもちろん……。コダックのフィルムも日本のカメラもなんでもありますよ」という。なるほど、そういわれてよく見ると、日本のカラーフィルムまで売っている。ところが、その値段を見て、驚いてしまった。あれもこれも、すべて日本の二倍から三倍の高値がついているのである。「あー、やっぱり日本からひととおりのものを持って来てよかったなあ」と、思わず胸をなでおろした。

自然環境も、人々の生活ぶりも、何もかもいいことずくめのように思えるこの国でも、物価高だけはどうしようもないらしい。「あっそうだ、望遠鏡を片づけなければ……」途中で、望遠鏡のことを思い出し、急ぎ足で先ほどの場所へ引き返してみると、これはどうしたことだろう。望遠鏡がどこにも見あたらないのである。「しまった。望遠鏡を盗まれてしまったらしいぞ」驚いてホテルのフロントにかけ込むと、私が口を開かないうちから大男のマスターが、待ってましたとばかり両手をひろげると「えーえー、もちろんあずかってますよ。あなたの望遠鏡をね」といいながら、カウンターの下からひょいと望遠鏡をつまみ出し、「もうひと晩、泊まっていただければ、私もこの望遠鏡で月のクレーターでも見せていただけますのにね……」といった。

望遠鏡を受け取りながら、いま望遠鏡をなくしてしまったのでは、何をしにここまで来たのかわからなくなるところだったと、ほっとしながら、彼の好意に礼をのべた。

私は、その日の午後の便で、マウントクックのふもとまで南下するつもりだったので、部屋に戻ると、すぐに望遠鏡を格納箱にしまいこみにかかった。ところが、全部しまいこみ終わってから、ひょいと持ち上げたとたん、その木製の格納箱の底が音を立てて抜け落ち、こぼれ落ちた望遠鏡の部品は、あわれにも床に散乱してしまった。航空機の荷物取り扱いはかなり乱暴だから、ここに来るまでに、木製の箱は、いつの間にか角が割れたり、止め金がはずれたりして、分解寸前であったらしい。どうつぎ合わせても元どおりにならないとわかると、私は、もうひとつの旅行用のスーツケースの中身をひっくり返し、不必要な荷物はほとんど捨て、望遠鏡をひとまとめにすると、下着などで、鏡筒など、主要部分をくるんで保護し、その中につめこんだ。結果的にはこれが大成功で、以後の海外旅行では、すべてこの手でいくことにした。それにしても、望遠鏡のあの木製の格納箱は、見た目にはいかにもいいようだが、海外旅行などでは、重量をくうばかりで、途中で必ずこわれて役に立たなくなるものだということが、このとき初めてわかった。

ホテルを出るとき、たったひとつしか荷物を持っていない私を見ると、大男のマスターは「来るときは荷物はたしか二つだったはずだが……」といった顔つきで、首をかしげながらいつまでも見送っていた。

クライストチャーチから小さな飛行機で二時間飛ぶと、有名な南アルプスのマウントクックのふもとに行くことができる。クック山は、富士山と同じくらいの高さなのに、ここには珍しく氷河があるので、今回の目的のひとつにはそれを見物に行くことであった。もちろん、氷河の上で見あげる星空はどんなものだろうか、と期待に胸をはずませることも忘れてはいない。

マウントクックへの飛行は、気流が悪いと、なかなかスリルがある。ひと山越えたとたん、グラグラッときて、あとは機体を左に右にフラつかせながら、ものすごい谷底にある飛行場目ざして、一気に降りて行く。まる見えの操縦席では、鼻歌まじりに操縦し

マウントクック周辺。ここでの最大の魅力は遊覧飛行のセスナ機上から見おろすタスマン氷河の偉容だろう。後方の雲の中に見えるピークがクック山。（標高3718m）

ているふうだから、これくらい平気なのだろうが、翼が尾根にひっかかりそうで、氷河にふれる前に、はやばやとキモを冷やされてしまった。

河原の飛行場におりて、胸をなでおろしながらあたりの山々を見あげると、マウントクックあたりから雪崩のようにせりだしてくる氷河の偉容にまたまた圧倒されてしまった。

ホテルの近くは、何万年もの間、氷河にけずりとられた石ころが、積もり積もって、広々とした平地となり、その上に草が生い茂って、一面の草原となっている。望遠鏡をセットするには、ぐあいのよさそうな場所だったので、まずは一安心だった。ここは、ニュージーランドでも有数の観光地なのに、小さな国営のホテルがたった二軒あるだけ、他には、山小屋のような郵便局と売店が二、三軒点在しているにすぎないので、日本の観光地のように、ネオンや街灯などといった、星を見るのにぐあいの悪い光害を心配する必要がぜんぜんないのがたいへんうれしい。しかも、南緯四十五度という緯度の高さもいい。前にもお話ししたように、南緯が高いほど、日本からは見ることのできない、天の南極あたりの星空をよく見ることができるからだ。星を見るために、ここでちょっと気になることといえば、山岳地帯にはつきものの気まぐれな天気のことぐらいのものだろう。

夕方、ホテルの前の草原に出て、望遠鏡をセットしていると、レーンジャーらしき人物がやってきて、ホテルの掲示板に、何やら紙をはっていくのが見えた。なんだろうと思ってのぞきこむと、それは天気予報で、今夜は雪が降ってから晴れるだろう、などと書いてある。「こんな暖かいのに雪が降るだって……。冗談いうなよ、第一、今は、まだ秋の初めなんだろう。こんなに青空がひろがっていて、降るといったら星くらいのもんじゃないの」とたかをくくっていると、なんと夜にはいって急に冷えこみ、ボタン雪が降りだした。

望遠鏡に積もった雪をあわてて払いながら部屋に帰ると、寒い寒い。どうやら暖房が入ってないらしい。フロントに電話して「暖房が故障ですけど」と聞くと、「石油不足で、石油が入っておりません。かわりに湯タンポをだいて寝てください」という妙な返事。「そんなものどこにもないよ」「氷まくらがあるでしょ、ちゃんと」あるある。氷まくらが二つもあるので、よっぽど重病人が使うのかと思っていたら、なんとこれに湯を入れて、暖房がわりにだいて寝るんだそうな。やれやれ。

真夜中、あんまり寒いので目がさめた。「しまった、寝すごしたか」部屋の裏のドアをあけて、あわててハダシで外に飛び出すと、「あっ」と息をのんだ。地上は雪ですっかり真っ白になってしまっているが、空のほうは星あかりで、一面真っ白になっているではないか。東の山の端には、雪景色がそのまま空につながってしまったのではないか、と思われるほどのいて座の銀河が横たわり、その上に、さそり座の釣り針が真横に寝て、のっかっている。頭上には、南十字と空のどの部分より真暗なコール・サック（石炭袋）とよばれる暗黒星雲がある。そして天の南極付近には、銀河系のすぐ近くにある二つの恒星の大集団、大マゼラン雲と小マゼラン雲のすばらしい輝きが見える。「マゼラン雲って、本当はこんなに明るく見えるものなのか……」

これまで見たこともないような美しい星空に、なかばあきれはて、なかばやけくそ気味に「さあ殺せ」とさけびたいような気分になって、雪の上に大の字に寝ころぶと、望遠鏡を組み立てることも、カメラで写真を撮ることも、すっかり忘れて、なかば放心状

南十字座、天の南極、大マゼラン雲など。日本からはお目にかかれない天の南極付近が写しだされている。画面左上が南十字で、その右側の銀河の濃くなった部分がりゅうこつ座η星付近の散光星雲や星団、右に大マゼラン雲。天の南極は×印で示してあるが北極星のような明るい星はないのでわかりにくい。

態で星空をながめつづけた。しかし、夜はもうだいぶ更けてしまっているのだから、いつまでもこうしていられない。両手で雪をすくいあげると、それを自分の顔に押しあて、ぶるると身振いして、やっと正気を取り戻した。

部屋から望遠鏡をかつぎだし、極軸を天の南極のおよその方向にセットし終わって、星空を見あげると、星々は天の南極の軸のまわりで、もうだいぶ回転してしまっている。さっそく、小さく折りたたんだ星図をポケットから取り出し、そのしわをのばしながら、実際の星空と合うようにかたむけてみた。

じつは、この星図のもとの姿は、立派に装丁された大きな星図書であって、とてもポケットにねじこめるようなしろものではなかったが、南天旅行では必要のない北天部分が多すぎるし、いかにも大きく、持ち運びにくいので、南天の部分のページだけをびりびり破り取り、無造作に折りたたんで持ってきたものである。私は、この星図をたよりに、ほとんど何も知らない南天の星座さがしからはじめることにした。

南天星座を何も知らないというと不審に思われるかもしれないが、南十字や大小マゼラン雲といった、特別のものをのぞけば、本当に私は、そのときまで知らなかったのである。いや、知らなかったというより、覚えようとしなかったといった方がいいかもしれない。それは、星のマニアも、病いがこうじてくると、星空を見あげただけで、星座の形だの、絵姿だの、星の名前だのが、まるでプラネタリウムの丸天井の星空のように、実際の星空に浮かびあがってきて、いくらそう思いこむまいとしても、初めて星空を見あげたころのような、わけのわからない美しさに感動する、ということができなくなってしまっているのである。もちろん、星座の形や名前に詳しくなることで、星空への興味がいっそう増してくることもたしかではあるが、私としては、星座の形も何も知らずに、素朴な感動で星空を見あげたあのころの感動を、もう一度ぜひ味わってみたかったものだから、南天の星座の形だけはできるだけ覚えないようにして、これまで大事にとっておいた、というわけなのである。ただ、いつまでも覚えないというわけにもいかないから、ひとわたりそんな感動にひたったことでもあるし、ここらで大ざっぱにその形をつかんでおこうかと、さがしはじめたわけである。

それには、まず勝手を知った北の星座から、と思い、北の空を見あげると、これが、日本で見るのとは大ちがいで、みな逆だちして見えている。自分自身が日本とは逆だちするような格好で空を見あげているのだから、当然といってしまえばそれまでだが、よく知っているはずの星座も逆だちされてみると、なれないうちは、じつに奇妙で、わかりにくく、これにはさすがの私も少しばかり閉口してしまった。そこで、それならばもう一度自分自身が逆だちしてしまえばよかろうと思いついてはみたが、「もともと逆だちし続けるほどの運動神経は持ち合わせてもいないし」などと、あれこれ思案していくうちに、南へ向かって立ち、腰に手をあてて、あお向けにそっくり返ってみるのがいちばんうまくいくことに気がついた。こうして、そっくり返ってみると、なるほど、これまで形のつかみにくかった北の星座の全景も、すぐ思いだして、それから少しずつ腰をのばしながら、南の方へ星をたどっていくと、南天の星々との位置関係も簡単につかめるようになってきた。

しかし、星図どおりに、どう明るい星をたどってみても、南天の星座は、その名前どおりの絵姿を思い浮かべることができないのである。私の心配どおり、南天の星座は、大航海時代以後、勝手気ままに作られてしまったために、北天の、練りに練られた星座の形とはくらべものにならないほど出来が悪く、それはもう、出来が悪いというより、星のならびなどまったく考慮されていない、といった方がいいくらいのものである。そうした南天星座の中で、わずかに納得できる、と思ったのは、〝みなみのさんかく座〟という星座であった。しかし、これとて、星を三個ならべて結べば、どこにでもできるものであるし、実際、〝みなみのさんかく座〟の明るい星々のまとまった姿を見ていると、この星座名がいかに能のない名前であるかがよくわかる。

もし、私に勝手に星座作りが許されるなら、この国に住む、われらと同類の愛すべき夜行性珍鳥キゥイを、まずまっさきに星座としてやりたいと思う。そして、人間に食われてしまったため絶滅した、モアという怪鳥も、その罪ほろぼしのために星座にあげてやりたい。もちろん、十七、八世紀ごろ作られた当時の奇妙な発明品の星座名は全部やめにして、南半球の珍獣たちの主だったものも、みな、星座にしてやりたい気がする。

ひととおり星座の位置をたしかめ終えると、こんどは双眼鏡をかざしてその中をのぞき見はじめた。南天の夜空には、北天では見ることのできないような大型の天体があちこちにひそんでいるから、双眼鏡の視野の中にも、つぎつぎと興味深い天体が飛びこんでくる。双眼鏡でつかまえた天体は、こんどは望遠鏡の視野の中に移しかえて詳しくながめなおす、ということをくりかえしながら、私は夜の明けるまで夢中になって南天の星空をさぐりつづけた。

そこで、私ひとりが「じつにすばらしかった」などといって、悦に入っていたのではなにやら申しわけない気もするので、当夜のメモの中から、南天の主だった〝スター〟たちの姿をここに再現して紹介しておこう。

★大マゼラン雲（かじき座）　南天の最大の奇観は、なんといっても銀河系からわずか十七万光年のところに浮かんでいる大小マゼラン雲の二つであろう。どちらも大きく明るいので、肉眼でも、ぼうと一片の雲のように星座に浮かんでいる姿が、容易にみとめられるが、大マゼラン雲の方が、小マゼラン雲の約二倍、ざっと北斗七星の斗の中におさまるくらいの大きさがあり、多少空の悪い街中でも、カノープスの十五度南という位置さえわかっていれば、すぐそれとわかる。双眼鏡なら、その光芒が視野いっぱいにひ

大小マゼラン雲とカノープス。南天の奇観は大マゼラン雲と小マゼラン雲につきる。空が暗ければ肉眼でも雲のようにぼうと輝く姿がみごとだ。右端の輝星はカノープス。

ろがり、S字形を上下に細長くひきのばしたような構造まではっきり認められる。この全体像は、望遠鏡だと倍率が高すぎて、かえって見にくくなってしまうが、望遠鏡の場合に、とくに注目してほしいのは、この星雲の中にひそんでいるNGC二〇七〇、俗に〝タランチュラ星雲〟とよばれる満月大のガス星雲である。タランチュラというのはギリシャ神話に登場する、あの毒グモのことで、星雲の端にとび出した何本もの突起が、クモの足のような形にみえるところから、こう名づけられたものである。ちょうど、おうし座のかに星雲M一をずっと大型にした印象といっておけば、およその姿が想像いただけることであろう。

★小マゼラン雲（きょしちょう座）　大マゼラン雲にくらべると、半分程度の大きさしかないが、明るさは、けっして大マゼラン雲におとらず、肉眼でもよく見えている。構造の方は、大マゼラン雲ほどの複雑さはないが、おもしろいことに、大マゼラン雲の中のタランチュラ星雲とよく似た関係のように（もっともこの方は見かけ上であるが）この中に一〇四＝ζ《ゼータ》という、五等星くらいの肉眼でも見える非常に大きな球状星団があって、双眼鏡でも、ぼうと大きな光芒となって見えていることである。六センチくらいの口径でも、もう周辺の星がポツポツと見えてくるので、小マゼラン雲をのぞいたら、この球状星団にも忘れず目をとめてほしい。

　ところで、大小マゼラン雲ともに明るいので、カメラの対象としてもすばらしいから、五十ミリ程度の標準レンズ、絞りF２でトライXフィルムを使い、三脚にカメラを固定したままで、一分間も露出すれば、その形をはっきり写しとることができる。南半球に旅行するチャンスがあったら、星空の記念にぜひカメラを向けてごらんになるとよい。

　なお、この大小マゼラン雲とわれわれの銀河系の関係を、太陽系にたとえてみれば、銀河系が太陽で、大マゼラン雲は地球、小マゼラン雲は月に相当するものと考えられている。そして、大小マゼラン雲の強い潮汐作用によって、銀河系の円盤が、真横から見ると、じつは完全な凸レンズ状でなく、積分記号の∫のようにたわんでいることなど、銀河系にもいろいろな影響をおよぼしている存在であることが明らかになってきている。

★りゅうこつ座η星付近の散光星雲　南十字星から西側へ、銀河の流れにそって少し目を移していくと、銀河がひときわ濃くなっているように見えるところがある。これが、りゅうこつ座η星を変光させる張本人として有名な、大きなガス星雲のひろがりである。双眼鏡でも、銀河の無数の星をバックに、ガス星雲の淡い光芒が、視野の中にぼうと浮かびあがって、何ともいいようのない美しさである。これが六センチくらいの望遠鏡になると、複雑に入り組んだ暗黒星雲によって、ガス星雲が無残に引き裂かれたようすが、いっそう明瞭になり、じつに迫力ある美しさを見せてくれる。この星雲は明るいものだけに、ガス星雲特有の、あの真赤な姿も、カラーフィルムで容易に写しとることができ、写真的な興味からいっても、この星雲は南天の被写体のうちではずばぬけたものといえるだろう。

★NGC三五三二（りゅうこつ座）　ガス星雲のひろがるりゅうこつ座η星付近の銀河には、小口径でも見ごたえのある大型の散開星団がたくさんあるが、そのなかでもとびきり上等なのが、このNGC三五三二である。つぶのそろった百三十個あまりの星が、銀河の近くで一団となって明滅するありさまは、双眼鏡でもじつにおみごとというしかない。

★石炭袋（みなみじゅうじ座）　南十字星のすぐそばにあるコール・サックとよばれる有名な暗黒星雲である。コール・サックとよばれる部分は、はくちょう座などにもあるが、こちらの方は、ずっと小柄で、しかも南十字星あたりの銀河が濃いせいか、この石炭袋の部分は、空のどの部分よりも黒さが強調されて、印象ははるかに強烈である。
★宝石箱（みなみじゅうじ座）　南十字星の四星のうちのλ星のすぐそばにあるκ星をふくむ明るい散開星団で、俗に〝宝石箱〟の名で知られているものである。その名から、どんなにすばらしい星団かと思ってのぞくと、明るい十数個の星が、パラパラとひとかたまりになっているだけなので、低倍率ではちょっと期待はずれに終わるかもしれない。これはどうやら海賊物語に出てくるような豪華な宝物入れの箱を想像するからで、初めから、個人がひそかに持っている小さな宝石箱のイメージでのぞけば、なるほど、うまい名をつけたものだとうなずけるだろう。
★ケンタウルス座のω星団　日本からも見えないことはないが、なにしろ南の地平低く姿を見せてくれるだけなので、あまりぱっとしない。しかし、ここのように天頂近くで見るとなると話は別で、これほど大型で明るいみごとな球状星団は、ほかにはないといっていい。双眼鏡でさえ、明るい楕円形の光芒の表面がざらざらした感じに見えてきて、星の集団らしさがうかがえるようになり、六センチくらいの望遠鏡に高倍率をかけると、その周辺にぽつぽつ星が群がっているようすがわかるようになってくる。そして十五センチくらいの口径になると、無数の星が、球状にびっしり群れ集まって、胸をうたれるような光景が視野の中に展開される。
★NGC五一二八（ケンタウルス座）　ケンタウルス座Aという強烈な電波源として知ら

れるのが、この星雲で、円形の星雲の中央を、無気味な暗黒帯が横切っている姿があまりにも特異なものであるところから、中心に巨大なブラック・ホールがひそんでいるのではないか、などととりざたされている小宇宙である。ケンタウルス座のω星団とは、南北にわずか四度しか離れていないので、双眼鏡なら視野の両端にこの二つを同時にとらえることができる。ω星団よりは北にあるために、日本からでも見えないことはないが、やはり天頂付近で見あげると、星雲の中央を横切るあの特異な暗黒帯が、六センチの口径で高倍率にすると、はっきりみとめることができ、興味がいちだんと増してくる。

★NGC六〇六七（じょうぎ座） さそり座の銀河をさらに南にたどっていくと、暗黒星雲の大きな裂け目にそったじょうぎ座の中央に、ひときわ濃くなったところが目にとまる。何があるのだろうと思って、この部分に双眼鏡を向けてみると、この散開星団の星々がひとかたまりになって、きらきら明滅しているところが目にとびこんでくる。倍率を少しあげると、明るい数個の星にかこまれて、たくさんの星が見えてきて美しさが増すが、どちらかといえば、あまり密集した方ではないので、倍率は高くしない方が面白味があるかもしれない。

★NGC六七五二（くじゃく座） 視直径が角度の三十分、明るさが四・六等級もあるたいへん明るい大型の球状星団なので、明るい星の少ないこのあたりでは、肉眼でその姿を見つけ出すことができる。双眼鏡では、周囲のぼやけた大きくて明るい丸い光芒が見える程度であるが、六センチ以上の口径に百倍以上の高倍率をかけると、天気の状態の良い日には、周囲にある星のいくつかがぽつぽつと見えてくる。

★ケンタウルス座α星　星雲・星団ばかりでなく、明るい二重星もあるので、ここに二つばかり紹介しておこう。まず第一の見ものは、地球に最も近い恒星として有名なこの星である。肉眼ではたったひとつの星にしか見えないが、望遠鏡でのぞくと、これが〇・三等星と一・七等星の明るい星二個がぴったりよりそっている星であることがひと目でわかる。じつは、この二つの星は、およそ八十年の周期でめぐりあう連星で、最近は、両星の間隔がいちばん離れた状態になっているときなので、きわめて見やすくなっている。

★南十字座α星　南十字を形づくる四星のうち、天の南極側にある星で、六センチくらいの口径に百倍くらいの高倍率をかけてみると、一・六等と二・一等の似たような明るさの星が、それこそぴったりくっつきあってじつに愛らしく、一度見ると忘れられない二重星である。

さそり座とマオリ伝説――ニュージーランド

ロトルアの街は、ニュージーランドの北島のほぼ中央に位置するこの国最大の温泉保養地である。温泉地である以上、もちろん観光地ということにもなるわけであるが、そこはそれ、清潔で静かなお国柄でのこと、街はずれのワカレワレアの地熱帯に、ポフツ・ガイガーという間欠泉や熱湯池、熱泥地、それにわずかに観光用として復元されたマオリ部落がある程度で、大浴場をもったホテルや歓楽街がつきものの日本のそれとは大違いである。したがって、日本人観光客の感覚からいえば、「これだけの温泉地に来ながら、とっぷりお湯につかって一パイやれないとはじつに残念」ということになってしまう。

実際、ポフツ・ガイガーや熱湯池の前に立って、岩の間からふつふつと沸きだすあの温泉の湯をながめていると、私のような下戸でさえ、日本人的な血がさわぐのか、湯あ

ワカレワレアの地熱帯。いたるところから熱湯や蒸気の噴出が見られるこのあたりでは、マオリの人々が料理を作っている光景をよく目にする。

がりにちょっと一パイというような思いにかられ、マオリの人々が単に湯や蒸気を調理用の熱源としてだけ利用したり、ぬるま湯のようにさましてしまった温泉プールに、水着をつけて入るのでは、じつにもったいないような気にさせられてしまう。もっとも温泉の利用の程度というのは、世界中どこへ行っても、だいたいこれと似たようなもので、モンゴルのある保養地へ出かけたときなど、地下から湯がふきだしてきたというので、あわてて大きな杭を打ち込み、湯の湧出を止めてしまったというような光景すら目にしたことがある。そんな人たちの側からすれば、その効用をありとあらゆる面に徹底的に利用したあげく、歓楽街まで出現させてしまう日本人の温泉に対する、あの異常なまでの情熱の方が、むしろ不思議なのかもしれない、などという気もしてこないではない。

それはさておき、私が、このロトルアの街に立ち寄ってみたのは、もちろんワカレワレアの地熱地帯の見物ということもあったが、それより、この街が今からおよそ六百年の昔、南太平洋のある島からはるばるカヌーに乗って渡来したというマオリ族の定着の地であり、そのマオリ文化が今によく伝えられていると聞いたからである。特に私の美術的な興味では、彼らのあの独特なマオリ彫刻の技法に興味があったし、星に関する方では、コンパスも無線も海図も何も持たない時代に、広大な南太平洋を渡り歩くには、相当な星の知識がないとできることではないので、その星に関する何らかの言い伝えなどに、じかに接することができるかもしれない、という淡い期待があったからである。

二つのうち、美術的な興味の方は、ワカレワレアに復元されたマオリ部落の柵や門、家などに刻まれた独特の模様や、オヒネムトゥというマオリ村の教会にある驚くほど精巧なマオリ彫刻を見ることによって手っとり早くかなえられたが、星の方はやはりさっぱりであった。もちろん、南太平洋で実際に漁や航海をしている人々にしても、星をたよりにするという時代はもうとっくの昔に過ぎ去って、星のことなどまったく知らないという例に、これまでしばしばゆきあたっていたから、これはまあ、当然の結果といっ

人口300万たらずのニュージーランドは、日本の北海道をのぞいたくらいの国土をもつ農業と牧畜の国。どっちを向いても、見えるのは羊たちの可愛いお尻ばかり。

てよいものではあった。

私は、朝早くから、少々せっかちにあちこち歩きまわったものだから、さほど広くもないこのロトルアの街で、見るものは夕方までにはあらかた見つくしてしまった。ただ途中、観光客が小川で遊んでいるマオリの子どもたちにむかって、橋の上から小銭をばらまくといういやな光景を目にしたものだから、せっかくの美しいマオリ彫刻を見たあとなのに、少し気分を害し、帰りはゆっくり散歩しながらでもと考え、人通りの少ない街中を歩いていると、曲り角で、ギターを背にかかえた年のころ十三、四のマオリの少年が、小犬を連れてくるのにばったり出くわした。

少年は、私をさけるようにして立ち止まり、白い歯を見せると、遠慮がちの小声で「コンニチワ」と日本語であいさつをおくってよこした。それで私もあわてて、覚えたてのマオリ語で「テナ・コエ」つまり「こんにちは」とあいさつを返し、小犬にも「ケイ・テ・ペヘア・コエ」ごきげんいかが、と声をかけ頭をなでてやった。私がマオリ語らしきもので小犬にまであいさつしたことがよっぽどうれしかったと見えて、少年はマオリ語で何やら話しかけてきた。しかし、何しろ私のマオリ語は、これですべてであったから、あとはどうしようもなく、英語で、ということに願った。「これから劇場でマオリの踊りがあるんだけど、見に行かないか」と少年がいう。私は、マオリ族の踊りはぜひ一度見たいと思っていたものだから、大よろこびで劇場へとついて行った。

劇場のだだっ広いコンクリート床には、たくさんの椅子がならべられ、すでに数多くの観光客がきていて、踊りの実演の開始を待ちかねるように舞台の上を見つめていた。この見物人たちは、どうやらあちこちのホテルから送迎用のバスで集められてきたらしい。「これは、もう日本の観光地のそれとまったく同じだ」と、私はマオリの人々の商売っ気に感心したり、おかしさをこらえたりしながら、あたりを見まわしていると、料金を払っているうちに姿を消していた、あのマオリ少年が、またいつの間にかやってきて、小犬をだいたまま私の隣の席にすわっていた。

マオリの人々は、なにかにつけ、すぐ歌や踊りを作って、その気持をすなおに表現する繊細な神経を持った芸術家であったらしい。その踊りはときには激しく、ときにはロマンチックに優美なもので、槍でもかざして踊り狂うのだとばかり思いこんでいた私の先入観が、まったくのナンセンスであることがわかってきて、少しばかり気恥ずかしくなってしまった。そのマオリのダンスの中で、特に私の興味をひいたのは、勇士クーペの率いるカヌーが、はるかな故郷ハワイキを出発し、南十字星がたよりの長く苦しい航海の果てに、ニュージーランドを発見したという踊りであった。私は踊りが終ると、かたわらにすわっている少年に聞いてみた。

「ハワイキというのは、いまのハワイのことなんだろうか」少年はちょっと考えてから、「ぼくのおじいさんは、それはタヒチのあたりの島だったといってたけど」と答えた。

「ふむ、すると、四千キロにちかいカヌーでの船旅が、南十字星だけをたよりに、どうやってきたものだか……。信じられんことだ」私がそうつぶやくと、少年は「うそじゃないよ」と少し強い口調でいいかえした。

マオリダンスは、戦いに出かける前に戦士たちが踊る戦闘舞踊「ハカ」で最高潮に達した。さまざまな打楽器の激しい伴奏がうち鳴らされる中で、目をむきだし、舌をだしの熱演はたしかに迫力のあるものではあったが、敵を威嚇するために、舌を出して「アワワワ」などとやっているところを見ていると、戦闘の踊りとはいえ、どこかユーモラスで、私などがもし戦いの前に、あんなことをやってみせられたら、馬鹿にされたと、ひどく怒るか、あきれはてて逃げ出すかのどっちかだろうと思った。

劇場を出ると、あたりはもうすっかり暗くなっていた。少年は帰り道が同じだから私をホテルまで送ってくれるといって、小犬といっしょにつれだって歩きだした。しばらくの間は、街灯が舗道を明るく照らし出していたので、頭上に星影らしいものはほとんど見えなかったのだが、二つ目の角を東に折れ、街灯からはずれたとたん、明るい星の光がわっと目の中にとびこんできた。驚いて見あげると、黒々とした森のシルエットの中からさそり座が、真横に寝たままの姿で昇ってくるところであった。

北半球の日本では、さそり座は、だいたいどこにいてもS字のカーブにしか見えないが、今私が目の前にしているさそりの姿は、S字というより、むしろ、無限大の∞のマークといった方がぴったりであった。私は、大急ぎでポケットの中から小さな懐中電燈をとりだすと、近くの暗がりの中から二、三個の小石を見つけだしてきた。そしてカメラを首からはずして道ばたにおき、小石をレンズの下において、カメラの傾きをきめ、手でシャッターを押すと、「一、二、三、四……」とゆっくり数えはじめた。

私が道路にはいつくばったり、シャッターの開く音を耳にして、少年は、私がどうやら星の写真を撮っていることがわかったらしい。「そんなことで星が写せるの」と不思議そうな声色でたずねた。私は「……十四、十五」と数えたところで顔をあげ、「こうしてね、カメラを動かないように固定して、シャッターを三十秒間くらい開けたままに

逆さまになって沈むさそり座のS字のカーブ。南半球に入るとさそりのS字のカーブはひっくりかえって、まるで天にひっかかった釣り針のように見える。さそり座の1等星アンタレス近くには惑星の通り道があり、時々接近することがある。

しておくと、星空の写真も写せるんだよ」と答え、それから五秒くらいの時間を見はからってから、シャッターの指を離した。すると、一眼レフのカシャンという音がしてミラーがおりたとき、一瞬、小犬がびっくりしたようにうしろに飛びはねるのが見えた。「あれっ」私はちょっとあわててレンズの前を懐中電燈で照らしてみた。案の定、小犬はレンズに鼻をくっつけて匂いをかいでいたらしい。小さなシミがレンズについていた。「レンズの前からのぞいちゃダメ」と小犬にいっておいて、そのシミを拭きとると、もう一度シャッターを切り、「一、二、三、四、……」と数えはじめた。

マオリの少年は、カメラの向きで、私がどのあたりの星を撮っているかがわかったらしい。さそり座の星のならびにそってゆっくり指を動かしながら、「あれは、マウイの釣り針だよ」といった。私はいそいでシャッターを切ると、地面にすわりこんだまま「それは何のこと」と聞きかえした。じつは、さそり座のS字カーブが南半球では、天にひっかかった釣り針のように見えるところから、ポリネシア諸島の人々が、天地創造の神マウイが海の中からニュージーランドの島を釣りあげたときの釣り針とみていることは、すでに知っていた。しかし、この少年の口からマウイの名が出てくるとは思ってもみないことだったから、ちょっとしらばくれて「何のこと」と聞いてみたのである。

少年は、「マウイは、火の女神マフィカから火を盗みだして人間に火を使う方法を教えたり、太陽をわなにかけて、その出入りを遅くしたりしたという大昔の英雄なんだよ……」と前置きすると、私と同じように道端にしゃがみこんで、小犬の頭をなでながら、ゆっくりした口調で話しはじめた。それはこんな話であった。

――マウイは若いとき、魔法使いのおばあさんに孝行をしたので、おばあさんは死ぬまぎわになると、アゴの骨をはずし、「これで釣り針をお作り」といってマウイに渡した。マウイは、その骨でさっそく釣り針を作ると、兄たちが丸木舟で漁に出かけるところへ行き、「私もいっしょに連れていってください」とたのんだ。しかし、兄たちは「釣り針も持っていないくせに」といって相手にしてくれない。そこでマウイは魔法を使って小人になると、こっそり舟の中にしのびこみ、舟が沖合へ出てから姿をあらわした。兄たちはびっくりして舟を漕ぎ戻そうとしたが、なぜか岸の方があとずさりして行ってしまうために、とうとうマウイをおろすことをあきらめ「しかたがないやつだ。それなら、舟にたまった水でもかき出しておけ」といって沖へ漕ぎだした。マウイは兄たちが釣っている間は、おとなしく水をくみ出すことにせいを出していたが、帰りぎわになると、かくしておいたアゴの骨の釣り針を出し、「私にもちょっと釣らせてほしい」とたのんだ。マウイが釣り針を持っていると知って驚いた兄たちは、こんども意地悪く、「餌はやれないよ」という。マウイはしかたなしに自分の鼻をこぶしで殴りつけ、出てきた鼻血を麻糸の玉にぬりつけ、それを餌に釣り針を海へ投げこんだ。すると、まもなく、糸がぴんと張ったかと思うと、丸木舟はぐらっとゆれ、大きくかたむいた。「やや、これは大物だ」と大騒ぎをする兄たちをしり目に、マウイが力いっぱい引きあげてみると、なんとそれは大きな島ではないか。しかも、まるで鯨のような怪力で暴れまわっている。マウイは「これは綱で縛りつけるより仕方がない、綱をとってくる間、島が大暴れしないように見守っておいて欲しい」といって陸の方へ泳いで行った。けれども島は、ますます暴れ、舟がひっくりかえりそうなので、兄たちは、それをしずめようとして、小刀をふるって島に切りつけた。島は痛さに堪えかねてますます暴れ狂い、とうとう丸木舟をひっくりかえしてしまった。マウイが泳ぎ戻ってみると、兄たちの姿は、もうどこにも見えなかった。そこでマウイは暴れる島を綱でしばりあげておとなしくしてしまった。この島が今のニュージーランドの南島になり、丸木舟は北島になった。そしてマウイの釣り針は島を釣りあげたとたん、切れてはねあがり、空にひっかかって、あのさそり座の釣り針になった……。

というのである。少年は、おじいさんから聞いたというこの話を、じつによく覚えていて、じょうずに語り聞かせてくれたわけであるが、私は、これまでに聞いていたのと、ちょっと違うところがあったので、話が一段落すると、「魚の島が南島になって、丸木舟が北島になったっていったけど、島の形からするとそれは逆じゃないの」と彼に聞いてみた。少年は「なあんだ、この話、知っていたの」といいながら、「たしかにぼくはそう聞いたんだけど……」と首をふりながら答えた。「いや、それならそれでいいんだ。

逆さまになって西へしずむオリオン座。天の赤道上にあるオリオン座が、真東から昇って真西へしずんでいくところは日本の空と同じだが、南半球では狩人オリオンはいつも逆立ちしたままの姿で夜空にかかっている。

それはもちろん君の方が正しいと思うよ」といって立ち上がった。さそり座の反対の西の空では、これも逆さまになったオリオン座が、宿敵さそり座の登場を恐れるようにしずんでいくところであった。

街はずれの小さなホテルに戻ると、もう十時をまわっていた。玄関わきの街灯をさえぎるように、ひたいに手をかざして空を見あげると、頭上高く、南十字とケンタウルス座のα星β星が銀河の中に輝いているのが見える。どうやら今夜もひと晩中快晴らしい。今年は異常に晴天の日が多く、この国ではちょっと干ばつ気味だと新聞は書きたてている。移住してきたマオリ族が、まっさきにこの島を「アオテアロア」つまり、〝長く白い雲の地〟とよんだほど、曇りと雨の日が多く、天気の移りかわりの早いといわれるニュージーランドで、こんなにいつまでも晴天に恵まれるとは思ってもみなかっただけに、これはうれしい誤算であった。

「まあ、これも日頃の精進のおかげだろう……」などと勝手なひとりごとをいいながら、ホテルの裏庭に出て望遠鏡を組み立てていると、突然、町中の街灯が、それこそ、根こそぎ消えてしまったのである。あたりを見まわすと、ホテルの玄関のあたりに、たった一個ランプがぼんやりとともっているだけで、あとは鼻をつままれてもわからないほどの真暗やみ、頭上には東から西へ、真っ白な天の川が一文字に横たわっている。

午後十一時以後、街灯はすべて消されてしまうのだと気づくまで、これはてっきり「大停電」だと思っていたし、街灯の直接の影響のないところまで、望遠鏡をかついで行かなければならないのかと考えていたやさきだけに、たった今から、この場ですぐに星座写真の撮影にかかれるとわかると、思わず「やった」と声をあげ、飛び上がってしまった。「そうだ、これでいいんだ。真夜中、ろくでもない用事で出歩くやつのために、やたらと電燈をつけておく必要なんかないんだから……」日本の過剰と思えるほどの街灯のつけっ放しには、日頃から苦々しい思いにかられていただけに「何の遠慮もなく、街中の街灯をいっせいに消してくれるとは……」星マニアとしてこれほどすがすがしい気分になれることはめったにないことであった。もちろん、折からの石油ショックや干ばつということで、電力事情が悪かった、ということもあるだろうが、ニュージーランドは、もともと水力発電や近くのワイラケイにある地熱利用の発電所など、電力の豊富な国である。日本で、わずかにネオンなどが消された節約の仕方にくらべると、これはずいぶんな違いであるように思えた。

ところで、街灯がいっせいに消えてくれてすばらしい星空になり、大よろこびしたところまではよかったのだが、あまり暗くて、うっかりアイピースの入った箱をけとばし、ひっくり返してしまったのである。「さあ、たいへん」懐中電燈の光をたよりに芝生の上をはいずりまわり、アイピースだけは何とかひろい集めたものの、星座写真のガイド用につかう、十字線入りのアダプターだけがどうしても見あたらない。このアダプターは、小さな丸いガラス片に黒い十字線をひいた直径一センチくらいのもので、これをアイピースにはめこまないと、ガイド撮影するときに、星を追う指標がなくなってしまうので一大事である。アダプターは黒くぬってある上に、ごていねいにも懐中電燈の明りが、星図を見るときに光が強すぎて目がくらまないように、わざわざ光を弱めてあるしろものだから始末がわるい。目を皿のようにして、真暗やみの中をはいずりまわり三十分もさがしたが、とうとう見つからない。こんなときにかぎって「ちょっと街灯をつけてください」ともいえないから、十字線で星を追うことはあきらめてしまった。

「はて、どうしたものか……」と考えあぐねていると、あるうまい方法を思いついた。

それは、アイピースのレンズに小さなゴミをパラパラとふりかけ、これを目印にガイドするというやり方である。レンズはいつも清潔にしなければ精度のよい天体観測などできるものではない、などと星仲間にいい聞かせていた手前、あまり大っぴらにできることではないが、やってみると、これがなかなかどうして、あんがいうまい方法なのである。つまり、アイピースのレンズにパラパラと芝生の枯れたのをふりかけ、対物レンズの前から豆球で照らしてやると、うっすら明るくなった視野の中で、レンズに付着したゴミだけが黒くうかびあがり、これに明るい星の像を重ね合わせ、日周運動で東から西へ動いていく星の動きにしたがって、微動ハンドルをゆっくりまわしていくのである。こうすれば、原理的には十字線上にガイド星となる明るい星をもってきて、十字線と星がずれないように、しずかに微動ハンドルを操作していくのとまったく同じことになるわけである。ただ、付きの悪いゴミを目印にすると、途中でスルッと落ちてしまったりして、たちまち目標を失って、ガイドはガタガタになり、また始めからゴミをパッパッとふりかけてはやりなおし、ということになってしまう。

どうしてこうもガイド撮影という方法にこだわるかというと、さきほどの道端でさそり座を写したようにカメラを固定しただけで写しても、たしかに星は写るが、長い露出時間にすれば星は日周運動にしたがって、みな線を引いたように写ってしまうし、星がのびない程度に露出時間を短くすると、こんどは暗い星が写らない、ということになってしまう。したがって天の川のような淡い光をくっきり写しだすためには、どうしても十分間くらいシャッターを開けたままにして、フィルムが星の光を充分に感じてくれるまで、星の像を一点にじっととどめておかなければならないことになるわけである。そのために明るい星を望遠鏡の視野にみちびき、十字線の交点上において、これを目印としながら微動ハンドルでゆっくり星の動きに合わせて追いつづけなければならない。こうすると望遠鏡の筒先に取りつけられているカメラも、望遠鏡と同じ速さで星を追っていることになり、レンズから入った星の光は、フィルム上の一点にいつまでもじっととどまっていることになり、暗い星の光もだんだん強くはっきりした像となってくれることになる。

これは、ふつう、モーターで自動的に動かしながら星を追ってゆくのであるが、海外旅行では、そんな重量のかさむ、大げさな装置を持って歩くわけにはいかないから、自分の手で動力源からモーターの役まですべて用を足してしまうことになる。が、漠然とした手加減で星を追っていたのでは、いかにもたよりなくて、とても星を点像に写すなどという精密な芸当はできないから、その目印としてアイピースに十字線をはるわけである。その大切な十字線をなくしてしまったのだから、私が大いにあわて、思いめぐらし、レンズにゴミをふりかけるなどという奇手を考えだしたのもムリのないことなのである。

ゴミの目印に悪戦苦闘しながら何コマか撮影しているうちに、私は、ふと妙な湿り気を感じた。「もしや……」という思いが頭をよぎったのでガイドを中断すると、カメラのレンズを懐中電燈で照らしてみた。「やっぱり……」懐中電燈に照らし出されたレンズは夜露にぬれ、すっかり曇ってしまっていた。星座写真にしても日周運動にしても、最もこわいのがこの夜露である。知らぬ間にレンズを曇らせてしまうために、それ以後はいくら露出時間を長くしても星の光は入ってこないから、結果的にはシャッターを閉じたまま露出したのと同じことになり、すべての苦労が水のあわとなってしまう。とくに、このロトルアという地名は、マオリ語で〝二つの湖〟という意味といわれるほどの大きな火山原湖を近くにもっているので、風向きによって、水分は充分に補給されるから、この点は特に考慮しておく必要があったわけである。

私は、部品箱の中からカイロを取りだすと、マッチをすって火をつけた。カイロの赤い火がぼうとあたりを照らしだして、秋の初めで、かなり冷えこんだ私の身体にかすかなぬくもりが走った。しかし、このカイロは私自身のふところを温めるためのものではない。カメラのレンズに夜露がつかないようにする唯一の方法のために、カメラレンズの鏡胴のところにとりつけ、ゴムバンドで固定してやるのである。こうすると、レンズはかすかに温められて、夜露は消えてしまうのである。

レンズの夜露が完全に消えてしまうまでのしばらくの間、私は芝生の上にごろりとあおむけに寝ころぶと、南の空を見あげた。天の真南には、南極星に相当する明るい星もなく空虚であったが、それに反しその周辺をぐるりととりまく星空は、なんともにぎやかで、日ごろ、白河の観測所から真南の筑波山の上にほんのちょっとの間だけ姿を見せるかすかな星たちは、今、みな私の頭上にいて、美しいきらめきを見せていた。

もうすぐシリウスはしずんでしまうというのに、カノープスはまだまだ高く、アケルナルなどは真南の地平線近くの木のてっぺんにひっかかって、いったんはしずみかけたのに、周極星となってまた、そのまま昇ってくるところであった。そしてその二つの輝星と天の南極をそれぞれ結ぶ、ほぼ中間あたりの高いところで、大小マゼラン雲の二つの星雲が小さな弧を描いて、音もなく回転しているように思えた。

星のささやき――バイカル湖

インツーリストのガイド、ターニャさんにとって、今日乗り合わせた連中はあまりいい観光客とはいえなかったろう。というのは、イルクーツクの街からバイカル湖へ向かう二時間あまりのバス旅行で、ターニャさんが街の歴史や人々の暮し、あたりの風景についてどんなに熱をこめて説明してみても、誰ひとりそれに耳を傾けている者がいなかったからである。

ソ連の観光では、何の関係もない観光客どうしを集めて、ひとつの団体バスを仕立て、目的地に運んでしまうということがよくあると聞いていたが、私の乗った今日の観光バスもそんな例のひとつであった。いってみれば観光乗合バスといったところであるが、どんな国のどんな人といっしょに旅をすることになるのかわからないのだから、これがじつはなかなか楽しいのである。

今日のバスに乗り合わせたのは、オーストラリア人のジョーンズさん、アメリカ人のカックスさん、イギリスからやってきたオルコックさん夫妻、それに私の計五人であった。こんな小団体なら、ふだんならたちまちうちとけあって話がはずむのだが、今日の連中はどうもいけなかった。

まず第一にジョーンズさんである。彼はハバロフスクからイルクーツクへ来る途中の空港で、自分の荷物を行方不明にされてしまったことにひどく腹をたてていた。ターニャさんが「いま調べていますから、心配いりません」となだめても「あのトランクの中には、カメラも歯ブラシもパジャマもはいってたんだぞ、丸裸で旅行させる気か」と、口をへの字に曲げたまま押し黙り、天井を見あげている。

カックスさんはアメリカ海軍の退役軍人だった。毎日の退屈さにたえかねてブラブラ世界一周しているといった人だから、風景を見ても何をしてもまるで興味を示さない。この人の楽しみは、出発時にこの小グループの員数が揃っているかどうか、いちいち「ワン、ツー、スリー……」と指さしながら確認することと、バスが予定の時間にきっちり発着するかどうかを懐中時計でチェックすることだけだった。きっと戦場で部下の行動を監視するクセがまだ抜けきれないのだろう。

オルコックさん夫妻は、新婚ホヤホヤのカップルのようだった。頭のハゲあがったオルコックさんと、まだ二十歳そこそこの夫人が腕を組んで歩いているところは、どう見ても親娘としか見えないのだが、熱い抱擁と口づけをかわしているところを見せつけられると、ふたりの関係はやはり新婚ホヤホヤの夫妻なのだろう。このカップルもこんな状態だから、あたりの風景などどうでもよいのはしかたがない。

そして私であるが、これはもう昨晩の徹夜の星座見物がこたえて、バスにゆられながらいい気持で、頭をバスのゆれるにまかせ、ふらふら振りながらの居眠り状態である。

「川の中に小さな岩が見えてまいりました。あれは父親のバイカルが、娘のアンガラ川がエニセイ川に恋をして流れて行ってしまったのを怒って投げつけた岩です。すべての川はバイカル湖にそそいでいるのに、たったひとつこのアンガラ川だけがバイカル湖から流れ出して、エニセイ川にそそいでいるところから生まれた伝説です……」

イルクーツクの市内を流れていたアンガラ川の川幅がいちだんと広さを増してきたあたりでターニャさんがこう説明していたのを聞いたのが、このあたりの観光案内で私の記憶に残っている唯一の事柄である。それも、おでこをバスの窓にゴツンとぶつけるたびにハッとわれに返っては、耳に入ってきた話だからあまり確かなものではない。

バスは大きな船着場のようなところで止まった。目の前には海のようなバイカル湖がひろがっている。バスを降りると八月というのに、ひんやりとした大気がほおをなで、私の眠気をさましてくれた。

バスの中でせっかくのターニャさんの名調子をほとんど聞いていなかったことに気が

バイカル湖畔の舟着場。スケールの大きい風景の中で博物館を見物したり、付近の村人たちと接したりのんびり過ごせるのがいい。夏は日本人観光客でいっぱい。

とがめて、湖のほとりを散歩しながら私は彼女にあれこれ質問を浴びせた。もしかすると、それは彼女がバスの中ですでに説明していたはずのことであったかもしれないが、彼女はいちいちていねいに答えてくれた。そのうち話題がたまたまシベリアの星の話におよんだとき、

「……私、星のささやきを聞いたことがあるわ」

となにかを思いだすような目つきでいった。

「星のささやきだって……」

私にはなんのことかわからなかったが、彼女の意外な言葉に思わず大声で聞き返した。

「そうよ、星のささやきよ」

彼女の話はこうであった。彼女のおば

どこまでも続くシベリアの針葉樹林帯。真夏でもひんやりとした空気が心地よくほおをなで、気の遠くなりそうな静寂の中で夜は木々の上に無数の星明りがともる。

さんは東シベリアのベルホヤンスクの近くに住んでいて、彼女はそこで冬の休暇をすごしたことがあるのだそうである。そこではあまりの寒さに自分の吐く息が耳のあたりでいきなり凍ってしまい、それが枯葉か穀物でもまき散らしているように、カサカサ音をたてるという。そのはく息の凍る音を、この地方の人々は〝星のささやき〟とよんでいるというのである。

東シベリアの小都市ベルホヤンスクといえば、北半球ではどこよりも寒く、氷点下五十度に下がることも珍しくなく、今から八十数年前には、なんと氷点下六十八度という猛烈な低温を記録したことがあるということは聞き知っていた。が、その地で〝星のささやき〟が聞こえるというのは初耳であった。

　ベルホヤンスクは北緯七十度に近く、そこで見あげる夜空は北極星がもうほとんど頭上近くに輝き、南の星座は、はるか地平線低くなりをひそめていることであろう。日本では真冬の中天にかかる狩人オリオン座の姿も、彼の地では、雪におおわれたタイガの森林かツンドラの地平線をのっしのっしと歩いているように見えるはずである。そして獲物を追い求めるオリオンが声をひそめてなにごとかをささやいているにちがいない。

　〝星のささやき〟が聞こえるという夜空に思いをはせてぼんやりしていると、向こうからすごい勢いで走ってきたジョーンズさんが、なにやら大よろこびでターニャさんをだきしめるとほっぺたにキッスした。行方不明だった荷物が無事ホテルに届いたという連絡が入ったのだという。カックスさんは、これですべてよしというように親指を立てウインクしてみせた。

巨石人《モアイ》と見る星空――イースター島

はるか南太平洋の東端に浮かぶ〝巨石人の島〟イースター島は、佐渡ヶ島の四分の一ほどの小さな島で、端から端まで約十七キロ、全体にほぼ三角形をしており、島のいたるところに草でおおわれた小さなクレーターの盛りあがりがあって、月世界を思わせるような火山島である。島の人口は、およそ二千、そのほとんどが島の南端にあるハンガロアの村に住んでいるから、村を少しでも離れると、人ひとり出会わないという、おそろしく静かでさみしい島である。

小さな島とはいっても、島内いたるところに立てられている巨石人を、歩いて見物してまわるとなると、やはり大ごとである。かといって、島の人々の主要な交通機関である馬を乗りまわすほどの乗馬の心得はないから、たった一軒のホテルの団体客を車で送り迎えしているおっさんの、車の空き時間に、島めぐりを頼みこむしかなくなってしまう。

車とはいっても、それは、後ろの荷台に粗末な長椅子を二列ならべただけの〝乗り合い小型トラック〟であり、走っている最中にでも分解してしまいかねないようなオンボロ車である。しかし、一応ちゃんと人を乗せて走っている以上、数台しか車の存在しないこの島では、なかなかに大したものなのである。だから、車の持ち主のおっさんも鼻息が荒く、日本のタクシーなみの料金を請求してくるから恐れ入る。「えっ、あんな近くまで行くのに二十ドルだって？　そりゃめちゃくちゃに高いよ、もうちょっと安くならないの」といっても、がんとして応じてくれない。近いとはいっても、重い望遠鏡を片手に、とぼとぼ歩いて行くわけにもいかないので、こちらもおっさんのいい値どおりに、しぶしぶ二十ドル先払いすることになる。どうやらおっさんのこの強気ぶりはこのごろめっきり増えた観光客が落していくドルの魅力にとりつかれてしまったのと、他にお客をとられる心配がまったくないことに起因するものらしい。

おっさんは、すずしい顔で二十枚のドル紙幣をポケットにねじこむと、ガタガタ車を出発させた。赤茶けた凸凹道に、もうもうと土煙をまいあがらせながらスピードをあげると、おっさんは、こんどはいくらかしんみりした口調で話しはじめた。「ドルをいっぱいためて、新しい車を買うのがわしの夢なんでね……。しかし、日本の新車は高いし、いったいいつのことになるやら」なるほど、それでドルにこだわっていたわけか。はるか沖合いに、三か月ぶりという貨物船が通りすぎていくのを目にすると、よほどの大金を積まないことには、この島に新車を持ち込むことはできそうにないように思えた。このおっさんの夢の実現は、まだまだ遠いさきのことになりそうである。

最初に見せてもらった巨石人は、高さがゆうに六、七メートルはあって、その頭の上に重さ十トンという赤い帽子をかぶった巨人像だった。「どうしてこんな重い石像を遠く離れた石切場から、この海岸まで運んでこられたんだろうね」私の質問に、なぜそんなことがわからないんだという顔つきでおっさんは答えた。「なんでもありゃしないよ。彼は自分で歩いてきて、ここに立っているのさ」私は、「のん気にやれ」というこの島の格言を知っていたから「それ以上のことは考えない」ということで、このおっさんの言葉を納得した。

おっさんのいうには、帽子をのせてまともに立っているのは、この一体だけで、復元されたものをのぞけば、あとはほとんど昔に倒されてしまったか、チリ地震の津波などで倒れてしまっているという。たしかに海岸線にそって車を走らせている途中にも、台座の下に行儀よく一列にならんでうつぶせに倒れている巨石人の一群をあちこちに見かけた。かつては、彼らの頭の上にのっていた赤い帽子が、遠く草むらの中にころがり落ちて風化しようとしている光景と、そんな巨石人たちの姿を合わせ目にすると、永々と営まれてきた人間の努力のむなしさと、時の流れの非情さをまざまざと見せつけられる

多くのモアイ（巨石人）たちがうつぶせに倒れたまま土の中で朽ちようとしているのに、たった一体、この赤い帽子をかぶったモアイだけは海を背に立ちつくしている。

思いがする。

　そして、いったい何が、この小さな島にこれほどまで夢中になって巨石人たちを生み出さなければならなかったほど、人々をかりたてたのか、というわけのわからない神秘的な思いが胸にこみあげてくる。その神秘的な思いは、やがて島の東端にあるラノ・ララクという火口の周辺に至って、一挙に増幅されることになった。ここが謎に満ちた巨石人たちの誕生の地であるからだ。

　草におおわれたラノ・ララクの山の中腹に登ると、じつに巨大な石人〝モアイ〟たちが、うつろな瞳を見開いて、ただじっと天空を見つめている世にも不思議な光景に出くわし

台座に運ばれる直前に放置されてしまったラノ・ララク山のモアイ（巨石人）たち。岩盤から切り離されていない未完成のものの中には20メートルちかい巨体のものもある。

た。巨人国にやってきたガリバーよろしく、草むら中に立ちつくす耳長の巨石人たちの鼻をなでたり、背くらべをしながら歩きまわっていると、突然、遠い過去の世界に起こった大事件の渦中にひきずりこまれるような情景を目のあたりにして、愕然とさせられてしまった。

まだ岩盤から切り離されずに、まるで胎児のように横たわる、巨大な未完成の石像たち、運び出される途中で神殿の台座に、自分の立つべき放り出されてしまった、うつぶせの石像たち、それらは、ある日突然に、まったく突然に、彼らに魂を与えつづけた偉大な彫刻師たちが、彼らを置き去りにして、この地から姿を消してしまった事実を、歴然と物語っているものばかりである。遠い昔、ここでいったい何が起こったというのであろうか。この地を訪れた多くの人々が抱いた、同じ疑問を胸に、私もまたその場にいつまでも立ちつくしていた。

しかし、いくら私が心の中で問いかけてみても、かたく口を閉ざした耳長の巨人たちは、自分たちの眼前で展開されたであろうその大事件について、ひとことも語り聞かせてくれそうになかった。彼らにとっては、突然やってきた見知らぬ旅人の疑問に答えることよりは、行ってしまった彫刻師たちが再び戻ってきて、生命を与えてくれる日を待ちつづけることの方が、より重大な関心事だったからであろうか。

私は、ラノ・ララクの巨石人たちが見あげる星空というものを、ぜひ一度、彼らといっしょに見たいと思っていたので、二日目の夕方、村から十キロも離れた人影ひとつ見あたらないこの地にやってきた。「本当に、こんなところでひと晩過ごす気かね、本当に大丈夫なんだろうね」心配そうな顔つきで運転席から何度も念を押すようにいうおっさんに、「平気、平気、夜になったらもうこっちのもんだから。それより明日の朝、忘れずに迎えに来てくれなくちゃいやだよ」と答えながら、望遠鏡を荷台から降した。

遠く、土煙をあげていたおっさんの車がなだらかな丘の向こうに姿を消すと、あたりは、またもとの動きのない完全な静寂さにもどった。はるか眼下には、夕日をあびた太平洋がどこまでもひろがっていた。そのさき四千キロまでのところに島影はないのだと思うと、たったひとり、宇宙の見知らぬ星にでも置き去りにされてしまったような錯覚にとらわれ、頭の中がぼんやりしてくるような気がした。

夕日が西空を赤く染めて、ラノ・ララクの山影に沈むと、あたりの情景は一変した。たたずむ耳長の巨石人たちの黒いシルエットは、消えた彫刻師たちの幽鬼のようにたたずみ、あまり気持のよいものではなくなってしまった。気をまぎらわすために、大型の懐中電燈をさまざまな角度から照らしてやると、その光の中で、巨石人たちは薄気味悪い笑みを浮かべたり、怒ったり、やさしくほほえんだり、まるで百面相のように表情をかえて私に語りかけてきてくれた。かつて経験したこともないような暗黒と静けさが、あたりを包むころになると、頭上には、銀河系の中心方向にあたるいて座の幅広い銀河が横たわり、西と東へわかれて滝のように流れ降っていた。そして西の銀河の流れの中には、南十字星がななめに寝て横たわっていた。

どうしていいのかわからないような星空に見とれているうちに、かすかな「ヒュールルル」という不思議な音に気がついて、聞き耳をたてた。それは巨石人たちの肩ごしにとおりぬける風の鳴る音で、その物悲しい音色は、かつてこの地で彫刻師たちが歌いつづけた石切歌のようにも聞こえるし、彫刻師たちを恋しがる巨石人たちのすすり泣きのようにも聞こえるのであった。

「ヒューールルル」というかすかな音に合わせて、小さな流れ星がひとつ南の空に飛んで

南天の銀河。右端の南十字からケンタウルス座のα星とβ星へと流れた銀河は、左端のさそり座に至っていちだんと幅広く輝きを増してくる。

消えた。島の人たちは、イースター島のことを〝世界のへそ〟とよんでいるが、肩を寄せあって、いつまでも星空を見あげる小さな私と、大きな巨石人たちの心は、いつの間にか、そのへその緒を断ち切って、はるかな宇宙へとさまよい出ているのだった。

英語、英語、勉強して日本へ――イースター島

「おーい、こんなでっかいモアイを持ってきてやったぞー」大声で叫びながら小走りにやってくるペドロ君の姿を見つけて、私は正直ほっとした気持になっていた。「ちょっと待っててくれっていうから、その気で待っていたら、もう日暮れちかくなってしまったじゃないか。ふつうのお客だったら、とっくにしびれを切らして行っちまうとこだぜ」ちょっと、ふくれっ面でいう私に、息をはずませながらやってきたペドロ君は、悪びれた様子もなく、「なーに、その点は心配ないさ。この島は海のど真ん中にあるんだもの、お客さんがどこかへ行ったきりになっちまうことなんて絶対にないんだから……。それより、ほら、あんたのご希望どおりのやつがあったよ」といいながら、ちょっぴり誇らしげに、私の目の前に高さ六十センチもあろうかという大きな木彫の人形をどっかと差し出した。

私はそれを見て「しまった」と心の中で舌打ちしながら、ひやかし半分に「もっとでかいモアイの像なら買ってもいいんだけど」といったことを後悔していた。

サンチアゴとタヒチから三日に一度、大型ジェット機が立ち寄るようになってから、絶海の孤島イースター島にも、世界中からぼちぼち観光客が訪れるようになり、空港やホテルの前でみやげ物を売る人が目につくようになって、この神秘の島もご多分にもれず俗化のきざしが見えてきているということは、やって来る前に聞いていた。

なるほどハンガロアにあるたった一軒のホテルの玄関さきには観光客が着くと、さっそく四、五人の住民が寄ってきては露店をひろげ、例の巨石人の木彫人形や貝細工のネックレスなどを売りはじめる。そんな露店の〝主人〟はおおかた年よりの女であったが、ペドロ君だけはどういうわけか若い男であった。ペドロ君が他の露天商と違っていたのはそれだけではない。彼はいつも手あかによごれた何冊かの本をそばにおいていて、客が興味深そうにこの島の巨石人モアイの像を形どった木彫の人形をながめていると、さっそくボロボロになった本をとりだして、その中に書きしるされている図を見せながら、イースター島の巨石人がいかに秘密に満ちたものであるかを熱っぽい口調で語り聞かせてくれることであった。

なにしろ、それでなくても少ない観光客の中で、おみやげを買いそうなそぶりを見せるのはほとんど私ひとりだから、商売熱心なペドロ君の照準は自然と私の方に向けられ

ラノ・ララク山の中腹に置き去りにされたまま立ちつくすモアイ（巨石人）たち。そのほとんどが胸のあたりまで土中深く埋もれてしまっている。

てくる。私はまだ滞在日数はあるし、まだ買う気もなく、もっぱらひやかしであるが、それでも、熱心にすすめるのにいつまでも知らん顔というわけにもいかない。それにイースター島の話ももっと聞かせてもらわなければ、ということで、ある日「どうせでっかいモアイなんだから、そうさなあァ、一メートルくらいもあるやつ買っていきたいもんだなァ……」といってみたのである。店さきには、大きくても十五センチくらいのしかないから、まさかそんなでかい木彫人形があるはずがないと思って、あくまでもひやかし半分でそういってみただけのことなのである。ところが彼はそれを聞くと「ちょっと待っておくれよ」というなり、猛スピードで飛び出して行き、じつに三時間も待たせたあげく、汗びっしょりになりながら、大ニコニコ顔で巨大な木彫のモアイ一体をだきかかえてもってきたというわけである。

「こんなでかい立派なのを都合してくるのはたいへんなんだ。そう、定価は百ドルだけど九十五ドルに特別おまけしておくよ」と変に威勢がいい。その勢いに押されて、私はとうとうこれぞイースター島みやげでござい、というような巨大なモアイ像を買わされるはめになってしまった。

　九十五枚の一ドル紙幣をさも満足げに数え終ると、ペドロ君は私の方に顔を寄せていった。

「今夜、妹といっしょにくるから、望遠鏡を見せてほしいんだ……」

　その夜、ペドロ君は年のころ十四、五歳といった目もとのぱっちりしたかわいらしい妹さんと、数人の村人たちと連れだってやってきた。西にかたむいた細い月から順に、真上へたどって、いて座付近の天の川の中のおもだった星雲や星団、北東の空に明るい木星などつぎつぎと望遠鏡の視野を移動させていくと、彼らはそのたびに、無邪気な驚きの声と歓声をあげて見入っていた。もし、ここに土星がいてくれたら、彼らの驚きを一気にクライマックスにまでもっていけるのだがと、天界最大のスター、土星が不在なのが、なんとしても惜しいことに思われた。

ところで、星を見ながらおしゃべりに花を咲かせる彼らの話に聞き耳をたてて、私が驚いたのは、ここの村人たちが、星についてわりあい詳しい知識をもっているらしい、ということと、いろいろな言い伝えを知っているらしい、ということだった。夜になると、この島で見えるのは、星の光だけなのだからそれは当たり前のことなのかもしれないが、南十字星はもちろん、ケンタウルス座のω星団のことまで知っていて、望遠鏡をのぞかせると、「ぼんやりしてると思っていたけど、やっぱりあれは星じゃなかったんだな」などと、村人どうしで話しあっている。なかには「タヒチの星はどれだったかな……」と、星をさがしているものもいる。そのうち、さっきから黙りこんでじっと星空を見あげていたペドロ君の妹さんが、「あの星は日本でも見えるの」と北西の空にかたむいた牽牛星アルタイルを指さして私に聞いた。

「ああ、見えますよ。もっとも北半球の日本の空からだと、南西の空に見えるんだけどね……」

彼女はアルタイルを見つめたまま「私も英語をしっかり勉強して、日本へ行って働いてみたいな……」と、ちょっとさびしげな、訴えるような顔つきでつぶやいた。

若者だったら誰だって一度は未知の世界へあこがれ、飛び出してみたいと願うのは当たり前のことだろう。しかし、他の世界からあまりにも隔絶されてしまっているこの貧しい孤島から彼女らが抜けだせる可能性は夢のまた夢ほどの現実味もないことなのであろう。この島の若者たちのそんな悲しみがわかるような気がして私も黙りこんでしまった。

その時、話題をかえるようにペドロ君が、突然大声をあげていった。

「イースター島の秘密でびっくりするようなことを教えてやろうか。第二次世界大戦の少し前のころだというから、もうずいぶんと昔の話なんだけど、チリ政府がこのイースター島を日本の領土に進呈しようとしたことがあったってこと聞いたことがあるんだ……」

イースター島の人口は約2000。ジェット機が着くと大ぜいの着かざった村人たちが空港に集まってくる。サンチアゴから空路5時間、タヒチから6時間。

「あらら、また急に変なこといいだして、そんなバカバカしい話聞いたこともないや」

私はこの突飛な話に思わず吹きだしてしまった。ところが、これが荒唐無稽な話でもなんでもなく、チリ政府が本気でこの島を日本にプレゼントしようとした事実があったことを、日本に帰ってから見た半年前の新聞記事で知って驚いた。

それによると、昭和十三、四年ごろのこと、当時の世界情勢の中にあっては親日派であったチリ国防省から、このイースター島を日本政府に譲渡したい旨の申し入れがあったのだそうである。日本海軍としてはノドから手が出るほど欲しい島だけに、これは願ってもないことであったらしいが、なにしろオーストラリアに近すぎて、対英米関係を刺激する恐れが充分にあるというので、結局のところこの話はうやむやになってしまったという。

もし、イースター島が一時期にしろ日本の領土にでもなっていたら、この小さな島の運命はどうなっていたであろうか。少なくとも私には、歴史のいたずら者が、この島を翻弄することなく通り過ぎて行ってしまったことが幸運であったことのように思える。

星空の航海――ナホトカ航路

夏休みともなると、さすがにシベリアへの観光客は多く、このナホトカ航路のジェルジンスキー号の船上は、日本人観光客で大にぎわいであった。台風が南海上から日本をうかがっているという天気予報にもかかわらず、青空は、はるか水平線の彼方までひろびろとひろがり、船はおだやかな海上をゆっくり歩を進めていた。私は後甲板のプールわきの籐椅子にゆったりとすわりこんで、さきほどからマストのさきの青空の中に、ぽつんと輝いている金星を見つめていた。

船旅は、のんびりしていいとはいわれても、横浜港を出て、一日もたつというのに、まだ三陸の沖合いを航行中となると、日本人観光客の中には、退屈さにがまんしかねる人も出てくるらしい。何かしら話題はないものかと、わけもなくせかせか歩きまわっていた人たちの中に、手をかざしてじっと青空を見入っている私を見つけ、「はて、何事？」と振り返って空を見あげる人が出てきた。人が見あげていれば、やはり気になるというのが人情なのだろう。そのうちだんだんに空を見あげる人が増えてきて、「何事ですか」「何か飛んでいるんですか」と、プールで泳いでいた人までが、手をかざして空を見あげるほどの騒ぎになってしまった。私は、おかしさをこらえながら、このうちの誰が最初に金星に気づくかと、タネ明かしはせずに、ちょっとオーバーなしぐさで、なおもその方向を指でさし示したりしていた。そのうちに、ひとりの子どもが「あっ、青空の中に星が光ってる」と、すっとんきょうな声をあげたものだから、人々は驚いてしまった。夏の太陽が頭上高く、強い日ざしを投げかけている日中だというのに、星が見えるなんて「そんなバカな！」と思ったらしい。そのうち「やや、ほんとだ、空の中に何かポツンと光っているぞ」と認める人が多くなり、あげくのはてに「ＵＦＯが出たっ」と真顔で驚きあわてる人が出るしまつ。「どれよ、どれよ」まだ見つけられない人のあせりの声も加わって、船上は、ときならぬ騒々しさとなってしまった。

私は、ころあいを見はからって、あれが宵の明星として、このごろの宵の空にかかる〝金星〟であること、金星は、いまいちばん明るく昼間でも見える時期になっていることなど、近くの人々に話して聞かせた。人々は納得して、このハプニングにしきりに感嘆の声をあげながら、マストのてっぺんの青空の中で、船のゆれにあわせ、右に左にと、ゆるやかにゆれ動く小さな白点を、あきもせず、いつまでも見あげている。

横浜からナホトカまで三日の船旅。夏はハバロフスクからイルクーツク、バイカル湖、はてはシベリア鉄道経由でモスクワに向かう日本人観光客で大にぎわいとなる。

私は、ことのついでにと、さらに話をつづけた。「この星は、こんなふうに昼間でも見えるものですから、古今東西、ずいぶんいろいろなエピソードを生みだしているんですよ。たとえば、フランスでは、ナポレオンの全盛のころ〝ナポレオンの星〟とよばれたことがあります。それは、一七九七年といいますから、もう百八十年ばかり昔のことになりますが、数々の武勲をたてたナポレオンが、イタリア遠征からパリへ戻ってきたときのことです。この金星がやはり、凱旋門をくぐるナポレオンの頭上で、白く輝いているのが見えたのです。パリの人々には、白

月のように欠けて見える金星。最大光度のころの金星を望遠鏡でながめるとこんな形に欠けて見える。

昼に輝くその星こそ、当時、日の出の勢いにあったナポレオンの象徴であり、その勝利を祝福しているかのように思えたのでしょう。これを〝ナポレオンの星〟とよんで、彼の武勲をたたえたといわれています。でも、まあ、金星は、最大光度のころにはだいたい白昼でも見えるくらいの明るさにはなるものですから、なにもナポレオンのためた、とくに明るく輝いてやったわけではありませんけどね……」

この話を私のそばで聞いていた頭のはげあがったおやじさんが、その頭をつるりとなでながら、「なんだ、そんな論法でいくなら、いまの金星は、われわれの船出を祝福してくれている〝ジェルジンスキー号の星〟ということになるじゃないかのォ」と、ひょうきんな大声でいったものだから、人々の間にどっと笑い声が起こった。私は、また話を続けた。

「ナポレオンの星くらいなら、まあ、エピソードとしては可愛げがありますが、時には人々の心を寒からしめるようないたずらをすることがあるんですよ。これは、一九一三年といいますから、大正二年のことです。この年にもやっぱり金星は昼間見えるほど明るくなっていたのですが、このときは、何と、飛行機に間違えられてしまったのです。なにしろ、当時のヨーロッパは、第一次世界大戦が、いままさに勃発せん、という危険極まりない状態の時期ですからね。これがこともあろうに、国際関係を左右するほどの大事件に発展してしまったから大ごとです。ロシアでは、これはてっきりオーストリア機にちがいないと思いこむし、イギリスでは、ドイツ機の侵犯だといいだして、お互いに激しく非難し合うしまつです。ルーマニアにいたっては、それ、ロシアの飛行船がきた！　というわけで、とうとう大砲をぶっ放す、という念の入れようです……」ここで、また、例のおやじさんが、はげ頭をつるりとなでながら「まさか金星に命中して落ちてこなかったでしょうなあ」と言ったものだから、デッキのあちこちからまた笑い声が起こった。ところが、こんどは、そのおやじさんが、ちょっと真顔になって「そういえば、わしもこんどの戦争で、星に向かって大砲をぶっ放した、という話を聞いたことがある」といいだしたので、今度は、私が聞く立場になって身をのりだした。

「それは南洋のある前線での話だということですがな、見張りの兵が、青空の中に何やら怪しく光るものを見つけた。それっ、敵機来襲というので、総員配置につき、あわてでこれに向かって何発かぶっ放した。ところが、どうも様子がおかしい。で、いろいろ調べてみると、これが何と、敵機ならぬ、星だったというんですな。なにしろ雲が動いているものだから、それがまた、いかにも空を飛んで急降下してくる飛行機に見えたんだそうですって……これなども、どうも笑い話のような、そうでないような……金星というのは、どうもいろいろといたずら者のようですわな」おやじさんから相づちを求められるように話しかけられた和服姿のおばさんが、それに答えるように言葉をつづけた。「でも、面白いじゃございませんか、ナポレオンの星といい、ロシアの飛行船といい、敵機の話といい、みんなその時代の世相を反映して金星を見ているようでね。さっきも、どなたかＵＦＯだって、声をあげていらっしゃったようですが、あれなども、いかにも宇宙時代の今日的じゃございませんか」何人かが、このおばさんの〝分析〟に相づちを打つのを見て、私は、船旅はこれだから楽しいのだと思った。お互い、見も知らぬ者どうしが、どうでもいいような話題について、あきもせず、いつまでも語り合える時など、そう持てるものではないと思ったからである。

その日の宵、ジェルジンスキー号は、依然として三陸沖を航行中であった。暮れなずむ宵の西空には、真赤な夕日が残していった、紫水晶のような透明な光芒がいつまでもとどまって、その前面に黒々と横たわる三陸海岸の背の低いシルエットをあざやかに浮かびあがらせていた。そして、そのずっと上には、昼間から姿を見せていた宵の明星が、まるで裸電球のように、にじんだ強烈な光輝を放ちながら、だいぶ暗みをおびた赤紫色の残照の中にゆらゆらゆれていた。

二日目の夜、ジェルジンスキー号は、やっと津軽海峡を通りぬけていくところであっ

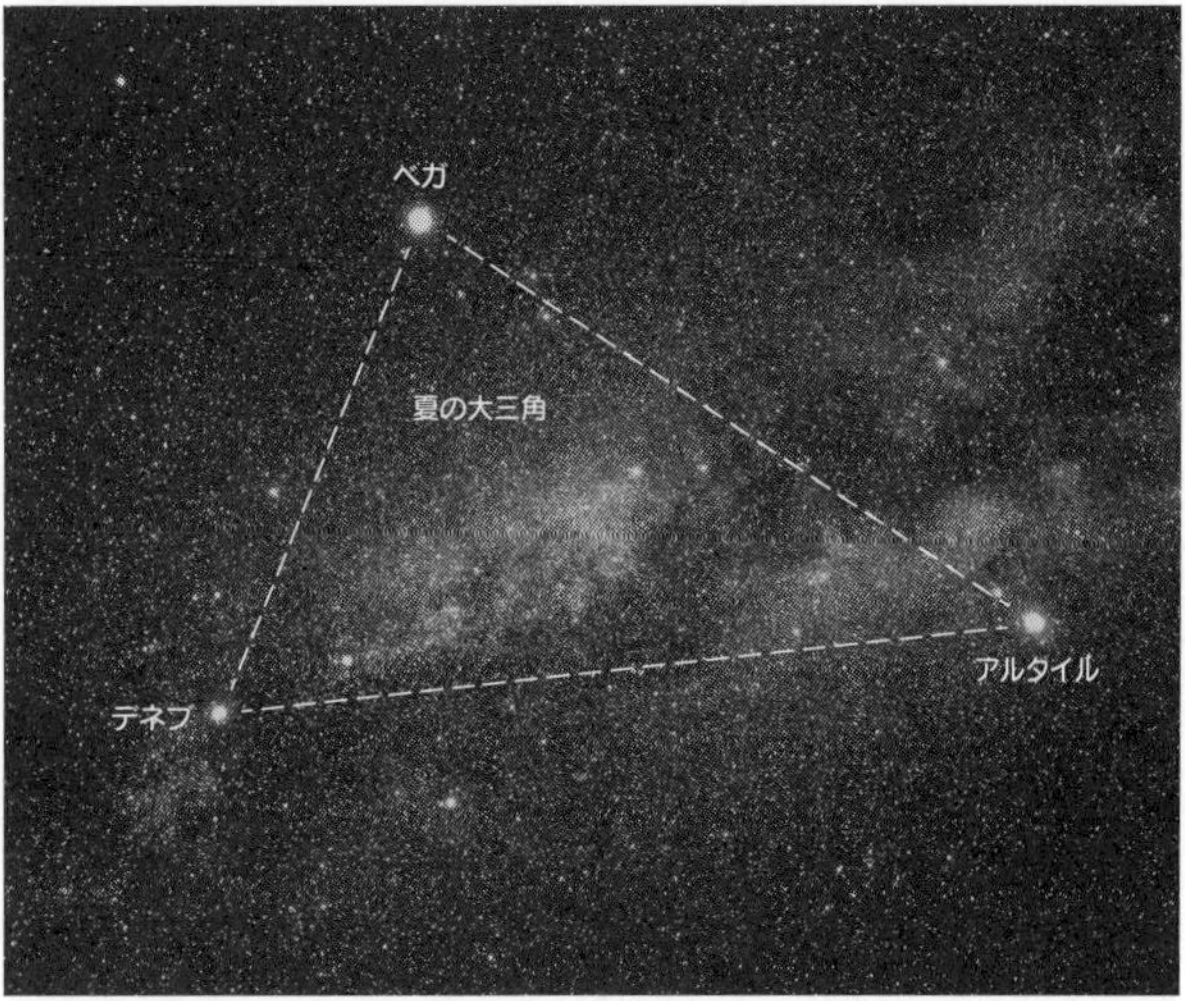

真夏の宵空高く、天の川の中に描く巨大な天の大三角形。左端にはくちょう座のデネブ、天の川の東西の両岸に織女星ベガと牽牛星アルタイルの輝きがある。

た。船の両わきには、イカ釣舟の漁火がゆらゆらゆれながら、点々と黒い海面に連なり、頭上の牽牛と織女の間には、天の川がにぶい銀色の光芒を放ちながら、北から南へ長々と横たわっていた。はるかな南の空には、いつになく大きなさそりのS字カーブが、その尾を海面にこするようにしながら、船の速度に合わせ、ゆっくりどこまでもついてくる。私は、金星騒ぎのあとの昨夜と同様、いく人かの乗客にせがまれるままに、後部デッキに陣どって、また星の話を語り聞かせることになってしまっていた。昨夜遅くまで、私から星の話を聞かせてもらった、という噂でも伝え聞いたのだろう。昨夜よりいくぶん人数が増えていて、日本語の達者な若い外国人カップル一組もその中にまじっていた。

新しい聞き手のために、昨夜と同じ話をまじえながら、昨夜からの続きの宇宙話をすすめていると、突然ひとりの男の子が立ちあがり、「北斗七星の柄の先から二番目の星に、ホラ、ちっちゃな星がくっついているよ」と、その方向を指さしながらさけんだ。話はそれから横道にそれて、北西の空に大きくかたむいた北斗七星の有名な二重星ミザールとアルコルの「見える」「見えない」の話題に移ってしまった。「アルコルとミザールは、その昔、アラビアの兵士の視力検査に使われた星で、ミザールのすぐそばにくっついている小さなアルコルが見えれば合格だったそうですよ」という私の解説に、また例の頭のはげあがったおやじさんが、頭をつるりとなでながら「すると、わしゃ不合格じゃな」と言ったものだからどっと笑い声が起こった。私はそのとき、ふと外国人のカップルに目をとめて「お国はどちら」と聞いてみた。

ミザールとアルコルの伝説は、世界中の民族の間にいろいろ言い伝えられていて、このカップルが自分の国のそんな星の伝説を知っているかどうか、聞いてみたかったからである。「シベリア経由で西ドイツへ帰るところです」ヒゲをたくわえたやさしい目つきの彼が、じょうずな日本語で答えた。「あっ、それじゃ車ひきのハンスの話を知ってますか」と聞くと、案の定、二人はしばらく顔を見あわせていたが、「どんな話ですか」と聞きかえしてきた。どこの国でも、若い世代の人々の間では、もう昔の星の話など、すっかり失われてしまっている場合が多いことは、各地を旅行してみて私もよく承知していたから、ドイツに伝わる北斗七星の話を、逆に彼らに語り聞かせることになっても、格別、奇妙なことのようにも感じられなかった。それはこんな話である。

「荷馬車ひきのハンスは、ある日、ガリラヤの湖のほとりで、旅につかれ、足を痛めて困っているキリストを見つけると、自分の車に乗せ連れて行った。後に、その時の善行をめでて天界に召されようとしたとき、『永遠の安住より、商売柄、おらはやっぱり下界にいたときのように、毎日車を走らせてみてえ』と願ったので、いまでは、北斗の車を毎日、東から西へひき、自分は三匹の馬のうち、いちばん高い馬にまたがったアルコルとなって、北の空を駆けまわっている。静かな夜に耳をすますと『ハイ、ドー』と馬を馭《ぎょ》す、ハンスのかけ声が聞こえてくるそうだ……」話し終わって反応をみると、むしろ熱心に耳をかたむけてくれているのは、日本人の方で、かんじんのカップルは「ああ、新約聖書に似たような話がありますね」と、つぶやいたきり、あんがいつまらなそうな顔つきで聞いている。これには私もいささかひょうしぬけしてしまった。やや間があって、こんどは彼女の方が「さっきから、タナバタぼしの、年に一度のデートの日としきりにいってましたね、その話もっと詳しくしていただけません」と口をひらいたので、私はいくらかほっとしながら、彼らにはこの方がお似合いだったかなと気づいて、日本人なら誰でも知っている七夕伝説の話を、頭上の天の川をはさんで美しいきらめきを見せている織女星と牽牛星を指さしながら、今度はしみじみとした口調で語り聞かせた。

「……それで、父の天帝は、とうとう腹を立て、織女をむりやり東の岸へ連れ戻し、一年に一度、七月七日の夜だけ、天の川を渡って、夫の牽牛に会うことを許してやりました。その夜は、鳥のかささぎが、天の川に翼をならべて橋となり、織女を渡してやるのだといわれています」若いカップルは、東洋のこの夢のように美しい話が、いたく気に入ったらしい。彼女は「一年に一度しか会えないなんてかわいそうね……」とつぶやきながら、彼の手をしっかり握りしめていた。

その夜明け「ボーボー」というもの悲しげな霧笛の声に目ざめて、人影のない甲板に出てみると、濃い霧にかこまれたジェルジンスキー号はおだやかな水面をゆっくりすべるように進んでいるところであった。「今日の午後はナホトカだな」あくびをこらえながら、ふと上甲板に目をやると、霧の晴れ間からもれた月光が、じっと肩を寄せあってすわっているあの若いカップルのシルエットを、ぼうと浮かびあがらせているところであった。「そういえば、今夜は旧の七夕の夜だったなあ……。この霧を天の川にみたてれば、まるで牽牛織女の図だね……」私に気づく様子もないカップルに軽いウィンクをおくりながら、私はそっと船室の方へ戻った。

隕石孔《いんせきこう》カンパニー――アリゾナ

　フラグスタッフの街を出て一時間半も走ったころであろうか、車を運転していた大川さんが突然右手前方を指さして「あれです、あの土の盛り上がった丘のようなところが例のクレーターなんですよ」と大声をあげた。少し眠気をもよおしていた私は、その大声にびっくりしながら大川さんの指先をたどって、はるか地平線のほうに目を移していった。

　しかし、見えるのはなだらかな起伏がどこまでも続く平原ばかりで、大川さんのいう土盛りらしいものはどこにも見あたらない。「アー、そうですかァ」ちょっと気のない返事をしながら首をのばしてキョロキョロしていると、「うーん、ちょっとわかりにくいかなあ、まあ、そばにいけばわかることだし……」。

　私たちはいまアリゾナの大平原の真っただ中にある巨大な隕石孔を目ざし、ルート66

を東に向かって車をとばしているところであった。

隕石孔というのは、宇宙空間から地球に飛びこんできた巨大な流星が、大気圏で燃えきれずに地上に激突して巨大な孔《あな》をあけたものであるが、これまでのところ、この種の孔は、このアメリカ大陸をはじめ、オーストラリアやソ連、アフリカなど世界各地で発見されている。このアリゾナの大平原にぽっかりあいている孔は、直径がなんと一・二キロ、深さ百八十メートルという世界でも有数のバカでかいものである。これまでの研究では、今から二万数千年前、大隕鉄の落下によって形成されたものであることがわかっているが、落下した本体がいまだに見つからないなどナゾが多く、大川さんはそのナゾ解きのために、この地にもう数年も滞在している天文学者である。

軽いスリップの音をたてながら、車が右に大きくカーブして、国道からわき道にそれると、正面に黒ずんだ、高さにして三十メートルくらいの盛り上がった丘が見えてきた。

「あっ、あの盛り上がりがクレーターの外壁なんですか。意外に低いんですね」「ですからね、ルート66を走っている車でも、大隕石孔という看板を目にしながら、どれだかわからずに通り過ぎてしまう人が多いんだなあ、このあたりの観光に来て、隕石孔の景観を楽しんでいかないなんて、絶対に損だと思うな」そんな大川さんの声を背に、私は、急なクレーターの外壁を一気にかけのぼって行った。そして、いきなり眼前に現われた巨大な凹地を見おろして、一瞬息をのんで立ちどまった。

直径1.2km、深さ180m、巨大な隕石孔周辺の荒涼としたながめ。雨が少なく形成当時の姿をよくとどめている。アポロ宇宙飛行士が月面着陸の訓練をしたこともある。

無残にえぐりとられた大地と、あらわにはみだした地層、あたり一面に四散する巨大な岩石、とても地球上の光景とは思えないような、また二万数千年も昔にできたものとは信じられないような、生々しい衝撃的な光景が展開されていたからだ。あとから追ってきた大川さんの解説が、私を当時の世界へとひきずりこんでいく。

「このあたりのようすは、今も昔もそんなに変わっていないでしょうね。バイソンの群が、のんびり草を食べていて、それをアジア大陸から渡来したばかりのインデアンが追って生活するというようなのどかな日々が続いていたことでしょう。ところがある日、天地をふるわせる大音響とともに燃えさかる巨大な火の玉が天から落ちてきた。あっという間のできごとで、動物も人も何事が起こったのか判断する間もなかったことでしょう。水爆の何十倍という巨大なエネルギーによって、一瞬のうちにすべて破壊されてしまったのですから……。この大事件は、大気の震動をとおして、あるいは大地震となって、世界中に伝えられたはずです。もちろん当時は人間文明以前の時代ですから、世界のどこにもなんの記憶も残されていませんが、傷つけられたこの大地自身が、その大事件の全貌を私たちに語り伝えてくれているのです……」

頭上には、白い飛行機雲を何本もたなびかせた青空が、クレーターの外壁のはるか彼方の地平線に吸い込まれるようにひろがり、すべての出来事が終わった瞬間から、この地では時間が進むのを止めてしまったかのように静まりかえっていた。しばらくの沈黙ののち、私は時間の静止したこの空間に足を踏み入れたまま身じろぎもせず、ただ茫然とたたずんでいる自分に堪えかね、その時間を再び動かし始めようとして、「しかし……」と口を開いた。

「しかしですよ、我々はこれを初めから隕石孔だと知って、ある種の感慨にふけってしまうわけですが、そんなことを知らずにこれを見たら、やっぱり火山かなんか地上の現象でできたと思うんじゃないでしょうか……」

「そう、まさしくその通りです。これを最初から隕石孔だと見破った人はひとりもいなかったのです。よくあるように隕石孔だと明らかにされるまでには、じつにさまざまな人々とのかかわりあいがあったのです」大川さんの口調には少し力がこもってきた。

「このクレーターが最初に白人の目についたのは一八七一年のことですから、まだほんの百年少々前のことです。初めは誰が見てもそう思えるように、死火山として大して注目を集めなかったのです。ところが、その十五年後に、ここから三キロばかり離れた所を流れている――といっても空谷なのですが――キャニオン・ダイアブロという小さな渓谷付近で羊飼いが鉄片を発見したことによって、にわかに事情が変わってしまったのです。つまり、羊飼いたちが初め銀塊を見つけたと思って送り届けてきた鉄片と、その発見に興味をもった鉱物標本商フートらがかき集めてきた鉄片を分析してみると、なんとこの鉄片の中にダイヤモンドが含まれていることがわかったからです。しかも、クレーター周辺を調査したフートらの報告によると、この周囲には火山性の生成物が何も見あたらないというのです……。それで、当時アメリカの地質学会の会長をしていたギルバートが乗りだしてきて、クレーターの本格的な調査を始めたのですが、彼はこのクレーターをしげしげとながめた結果、後になって月面にあるクレーターは隕石でできたにちがいない、という説をとなえることになるのですが、このアリゾナのクレーターに関しては、隕石じゃなく蒸気かガスが噴出した結果、生じたものだという結論を下してし

（左）真上から見た隕石孔。地質構造のため、まんまるでなく、ほぼ四角形の穴になってしまった。黒い建物が隕石孔博物館。（右）周壁のわずかな盛り上がり。

まうのです」

「そういえばこのクレーターにやってくる途中で、サンセットクレーターという赤茶けた土盛りのような火山のクレーターが見えましたよね。それにしても、すぐ近くで多量の隕鉄塊が発見されていたというのに、なぜそのことに注目しなかったのでしょう」

「彼の推定だと、これだけの大孔をつくる隕石なら、その直径は、ざっと百七十メートルはなければならない。ところが、クレーターの中からそんな隕石はどう調べてみても見つからない、というわけです。そしてクレーターの近くで隕鉄が見つかったのは、それはきっと『何かの偶然さ』ということにしてしまった。なにしろ彼は当時の権威者でしたからね。みんなそれを信じてしまったし、隕石成因説を考えていた人たちの中にも、表だってそれに反論するほどの人は出てこなかったのです。ところが世の中には、やはり変わった人がいるもので、よしそれなら私が隕石を見つけてやろうというもの好きな人が一九〇二年になって現われたのです。フィラデルフィアで採鉱技師をしていたバリンジャーという人です」

「ああ、この隕石孔の正式な呼び名となっている〝バリンジャークレーター〟のバリンジャーさんですね」

「そう、そのバリンジャーです。ところが彼の隕石さがしの動機の真相は、隕鉄片一ポンドが十セントになるとして、これだけの大クレーターを作った隕鉄が見つかれば、それはもう、大したもうけになるとソロバンをはじいたことにあるらしいのです」

「天上の星も地上に落ちてきたばっかりに、人間臭い渦の中に巻きこまれてしまうのですから気の毒というか愉快なものですよね。日本の隕石さがしでもそんな話がありますよ。山口県で見つかった玖珂《くが》隕鉄というやつですがね……、はじめ農家の人たちが林道を作るために協同で一生懸命に石垣を築いて道作りをやっていた。そのうち、ある人が土の中から石を掘り起こしてひょいと持ち上げたところ、なぜか、今までの石と違って、たいそう重い。不審に思って表面を磨いてみると白くピカピカに光り出した。作業をしていた人々は、それ、白金が出たというので大騒ぎ。道作りはどこへやら、今度はそこらあたりをあたりかまわず掘り起こしてしまったのです。今でもその騒ぎのときの大穴が残ってますよ」

「へえ、それも愉快な話ですね」大川さんは興味深そうに聞きながら、「ま、そこらの岩に腰をおろして話を続けましょう」といって、表面の平らな大岩にどっかとあぐらをかいてすわりこんだ。

「さきほどのバリンジャーの話ですがね、彼は隕石さがしをきめると、この荒れ果てたクレーターを買いとって、まず隕石を掘り出す会社を設立したのです」

「隕石採掘会社をですか。それは珍しい。おそらく世界でもたったひとつしか存在しなかった会社でしょう」

「ところがそんな会社を設立したばっかりに、彼はその後、二十八年間にわたり、苦闘と失望の連続を強いられることになるのですから皮肉なものですよ……。初め彼は隕石孔の形から推定して隕鉄は真上から突っこんできて、ほぼ真ん中に埋もれているものとみて、中央部に二十八本のボーリング穴をあけ、探しはじめたのです。ところが、目ざす隕鉄片はさっぱりつかまえられず、ボーリングをはじめて六年後の一九〇九年の秋になって、孔底三百三メートルのところに、まったく乱されていないスパイ砂岩層に行き当ったのです。これはなかなか重要な発見でしてね。それ以下の地層が乱されていないということは、このクレーターが火山のように下から作られたものじゃなく、上から作られたものであることを立証することになるわけです」

「つまり、隕石成因説が確認されたってことですね。でも埋もれてるはずの隕鉄塊はどこに行ってしまったのでしょう」

「そこです。バリンジャーは観察のするどい人だったらしくて、ある日、気ばらしに撃ったライフルの弾が泥土の中にあけた穴を見て、中央に埋まっているとばかり思っていた自分の考えが必ずしも当っていないことに気がついたのです。それはですね、ライフルをこう、真上から撃っても、ななめの角度から撃っても、泥土にあく穴は、みんな真上から撃ったときのように丸い穴になってしまうということなんですね。それで彼はもう一度隕石孔周辺から見つかった隕鉄片の分布を調べ、隕鉄は北西の方から飛んできたにちがいないとみて、今度は南側の縁でボーリングをしはじめたのです。予想が当ったのか三百三十メートルくらいのところからひどく堅い岩層に行き当るようになり、とうとう四百五十九メートル掘りさげたところでボーリングの刃が回転しなくなってしまった、といいますから、これは多分、金属層にでも行き当ったのでしょう。それ以後もあちこち場所をかえて掘削を試みたらしいですけどね、結局、地下水が噴きだしたりして、とうとう五十万ドルという膨大な赤字をかかえたまま作業を中断せざるを得なくなったそうです」

「結論は出なかったのですね」

「そうです。結局、彼は結論が出ないまま一九二九年にフィラデルフィアの自宅で急死してしまうのですが、その息子がここでやめてなるものかと、これまた親父以上の執念を燃やして隕石孔に挑むことになるのです」

「親子二代の大隕鉄探しというわけですか」

「ほら、あの孔の底の中央に黒いものが見えるでしょう。あれが二代目のボーリングの跡ですよ」大川さんは、私に双眼鏡でそれを見るようにすすめながらいった。双眼鏡の視野の中には、錆ついた蒸気ボイラーや、古めかしい捲上機、シャフト小屋などの廃墟がうつった。「まさにつわものどもが夢の跡といった光景だな」私は双眼鏡に目をあてたままひとりごとをつぶやき、さらに質問を続けた。

「で、最終的な結論はどうなったのですか。巨大な隕鉄塊は出てきたのですか」

「いや、それがまだなんです。バリンジャーはたしかに大隕鉄塊が埋っているという意見だったのですが、最近のシューメーカー博士などの意見では、一・八メガトンにも相当する隕鉄の衝撃エネルギーは、すべてクレーターの生成のみに消費されてしまって、隕鉄塊の大部分は雲散霧消してしまい、大隕鉄塊などどこにもないといっていますね」

「それはがっかりだな。でも、その雲散霧消してしまった隕鉄のもともとの大きさはいったいどれくらいだったのか、なんてことはわからないのですか」

「まあ、これは仮定に立って計算するしかないわけですけど、仮りに隕鉄が秒速十五キロのスピードで突入してきて、その衝撃エネルギーがT・N・Tに換算して一・七メガトンとみると、隕鉄の質量はざっと六万三千トンもあったことになります。たぶん隕鉄の原形は火星の衛星のような、ジャガイモみたいな格好をしていたかもしれませんが、球形だったと仮定すれば、その直径は、およそ二十五メートルくらいかな……」

「こんなでっかい隕石孔をぶちあけたにしては、案外小さなものだったんですね。やはり小惑星のひとつだったのでしょうか」

「たぶん……」

〝隕石孔物語〟が一段落ついたところで、大川さんはうまそうに煙草に火をつけた。私は頃あいを見はからって、「隕石孔のまわりをひとめぐりしてこようと思うのですが」と切り出してみた。大川さんは遠くを見つめながら、「ええ、いいですよ。でもひとまわり五キロもあるし、道も悪いから気をつけて」と煙草の煙をゆっくり吐き出しながら少しぼんやりした口調でいった。

隕石孔の周辺の岩石は意外に大きく足場は悪かった。不用意にも皮靴をはいてきたことを後悔し、あぶない足どりで隕石孔のふちを歩きながら、私はいろいろなことに思いをめぐらしていた。

「大隕石や彗星が地球に突っこんでくることはまれだとはいうが、もし、今の時代にこんなやつが人口過密の都市に飛び込んできたらどうなるだろうか。巨大な火の玉を核爆発とどうやって見わけるのだろうか。巨大な隕石の落下を相手国の先制核攻撃だと勘違いしてしまって、報復の核弾頭発射ボタンを押してしまうなんてこともあり得るんじゃないだろうか。隕石の落下変じて全面核戦争、なんてなったら、それこそ地球全体が火の玉になってしまうんじゃないか……」

「いや、これはけっして現実に起こり得ないという話ではないかもしれないぞ。早い話、つい最近、中国の北東部吉林地区に史上最大といわれる隕石雨が降りそそいだ例があるではないか。あのときは五百キロ平方の範囲に、なんと百個以上の隕石が落ち、一・七七トンという最大のものは、凍土に突きささって地下六メートルまでもぐったという。これがもし、所を違えて、中国の中枢部、北京に、それも吉林地区のように昼間でなく夜降りそそいでいたら……。突然空から降りそそぐ無数の大火球を見て、人々は逃げまどい、政府か軍部の要人はとっさの出来事にこれを何と判断するだろうか……。巨大な隕石落下事件なら、日本にもあった。あれはたしか一九七五年の秋の終りごろの宵のことだったな。岡山県上空に現われた巨大な火球は、大音響をともなって瀬戸内海に落下し、このようすを至近距離で目撃したある老人は、核戦争がはじまったと思い込み、地にひれ伏したという。『火の玉を見てすぐ核弾頭を連想するというのは、おじいさんもやっぱり戦争体験者だね』といって、その時は笑い話になったものだが、その〝体験〟はけっして過去のものというだけではなく、この先、いつ我々が体験することになるとも限らないではないか……。いやいや、もうこんな不吉なことばかりを考えるのはよそう」

　私は半周したところで、とうとう音をあげてしまった。やっとの思いで隕石孔博物館に引き返してくると、大川さんの友人で顔見知りのジョンソンさんが待ちかまえていて、例によって風呂敷のような手で握手をもとめてきた。

「ミスター大川はちょっと用があってね、二丁拳銃というドライブインに出かけたよ。あっ、そうそう、大川さんいい忘れたことがあるんで伝えておいてくれっていってたよ。このあたりにはサソリがいるから気をつけた方がいいって……」

　どうしてそんな恐ろしいことを先にいってくれなかったのか、大川さんもジョンソンさんも人が悪い。「ところで、あなた隕鉄の破片でも落ちてないかどうか、足元に気をつけながら歩いたんじゃありませんか」とジョンソンさん。「ええ、でも米つぶほどのカケラもありませんでしたよ」と答えると、大声で笑いながら「そうでしょうね、ここらあたり一帯ではトラクターに大磁石をくっつけて、地下五十センチのところに埋っているものまで根こそぎ採集してしまっていますからね……。どうです、この博物館の売店で売っているやつをおみやげに買っていったら」ジョンソンさんも天文学者のくせに、結構ちゃっかりして商売気がある。それもそのはず、この隕石孔は、隕石孔カンパニーというれっきとした民間会社の所有物なのだから。

インデアン遺跡とかに星雲――アリゾナ

「彼もわれわれのグループのひとりでね、それに日本語学科で勉強しているのでお互いに都合がいいでしょう」といいながら、ウッドさんはロバート君というインデアン青年を私に紹介した。じつは、私の星仲間のひとりであるウッドさんは、久しぶりにこの地を訪れた私を、世界でも屈指の設備を誇るキット・ピーク天文台へ案内してくれることになっていた。ところがあいにく急用ができてしまって、そのかわりにこのロバート君が私の案内役になってくれることになったわけである。

レストランで一服したあと、ロバート君と連れだってツーソンの町を出たのはもう昼をだいぶまわったころであった。真夏の太陽はまだ高く、アリゾナの乾ききった大気をつきぬけて激しすぎると思われるほどの日差しを投げかけ息苦しさをおぼえるほどであった。

ツーソンの町は、砂漠の中にできた近代都市だが、それほど大きくはないので、少し車を飛ばすとすぐ街並みはとだえて、巨大なサボテンの林立する砂漠地帯に入ってしまう。

すれちがう車もほとんど見かけなくなってからおよそ一時間、正面のひときわ高く壁のようにそびえる山なみの上に、いくつもの白いドームが点在しているのがわかるようになってきた。私はさきほどからのどの渇きをおぼえていたので、天文台に登る前に適当なドライブインでもないかと聞いてみた。ロバート君は、この近くのサボテン林の中に知りあいのおじいさんがひとりで住んでいるので、そこに寄って水を飲ませてもらおうといった。

そのおじいさんの家はいささか時代めいた粗末なものであったが、西部劇を見なれた目には、むしろこのあたりの風景によくマッチしているように思えた。

おじいさんは「やあ、ロバート」といって久しぶりのお客の来訪にひどく喜んでいた。「水なら、ほれそこに井戸水があるだろう、その蛇口に口をつけて勝手に飲みな」と、ぶっきらぼうにいって、家の前にある水道を指さした。私は蛇口から勢いよく飛び出す冷たい井戸水をごくりごくりと飲みほしながら、ふと目の前にボールのように丸いサボテンがあるのを見つけると、何の気もなしにいたずら半分に足でボカンとそれを蹴りとばしてみた。本来ならそのサボテンは、サッカーボールのようにころがっていくはずであったし、私も当然そうなるものと思いこんでいた。だが、そのサボテンの針は見た目よりはるかに鋭く、サボテンの針のボールは残念ながら私の足にぴったりくっついたまま止まっていた。私は痛さに顔をゆがめながら、以前この地を訪れたことのある富岡さんが、アリゾナの砂漠に行ったらサボテンだけには油断しない方がいいぞとしきりにいっていたのを思いだした。「さては彼がいっていたのはこのことであったのか……」

ロバート君は、これを見て大笑いしたが、老人は大声を張りあげて怒鳴った。

「水を出しっぱなしにしたままにするやつがあるかッ、ここでいちばん大切なものは水なんだぞ」

私は痛さのあまり蛇口の水を止めるのをつい忘れていたのに気づいてあわてて止め、おじいさんにあやまった。たしかにこんな乾燥した地方では水が大切なことはよくわかる。しかし、この豊かなアメリカで水を大切にしろと怒鳴られるとは思ってもみないことだったから、私はこのおじいさんの怒鳴り声にあるさわやかさを感じていた。

キット・ピーク天文台は、現代天文学の最前線をゆく天文台だけあって、巨大な望遠鏡を納めたドームが山の頂きごとにあっちにもこっちにもじつにぜいたくに建てられている。この構内の高台に立ってこのようすをながめていると、この地こそ宇宙に向かって見開かれた人類の叡智の目そのものといった深い感銘をおぼえずにはいられない。

ロバート君の案内で新しく完成した口径四メートルの大反射望遠鏡を見学させてもら

キット・ピーク天文台。ドーム群のうちの一角で、右端の巨大なドームが最大の4m 反射望遠鏡の入ったもの。この天文台のドームのデザインはどれも美しい。

ったのを最後に外に出ると、日はもう西にかたむいて赤く染まり、吹きぬける風もすっかり涼しさを増していた。大きな石の上にどっかり腰をおろし、心地よい風にほおをなでさせながらあたりを見おろしていると、はるか南の方に、ひとこぶラクダの背のように、ひときわ高くそびえたつ岩山が目にとまった。

「ああ、なんてすばらしい岩山なんだろう」思わずひとりごとをつぶやくと、ロバート君はそれを小耳にはさんだのか、「あれは、私たちにとっては聖なる山なのです」と、これも答えるでもなくつぶやくようにいった。

かに星雲。1054年の超新星の大爆発のなごりで、今も秒速1200kmでひろがっている。

私は、そういえば、ここらあたり一帯は、アメリカ最大といわれるパパゴ・インデアンの居留地だったなと気づいていた。

しばらく沈黙がつづいたあと、口数の少ないロバート君がめずらしく先に口を開いて、「……じつは、おうし座のかに星雲のことなんですけどねえ」と話しはじめた。私は彼がまた突然何をいいだしたものかと、その口元に注目し、「うん、かに星雲がどうかしたの」と聞き返した。

「……じつは、かに星雲が爆発して明るく見えたときの記録が、このアリゾナ北部のパパゴ・インデアンの洞穴跡と峡谷の岩壁に壁画として残されているのですよ……。その話もう知ってますか?」

私は彼の口から出た意外な話に興味をよびおこされてヒザをのりだした。

かに星雲というのは、今からおよそ九百年前の一〇五四年、六月から七月ごろ、おうし座の角の先に現われ、昼間の空に二十三日間も見えていたほど明るく輝いた超新星のことである。超新星というのは、太陽などよりずっと重い星が、その一生の終りに突如として大爆発を起こし明るく輝く現象で、われわれのこの銀河系の中では、有史以来、これまでに確かなところで三回しか記録されていないというきわめて稀な驚くべき天文現象なのである。

　現在、そのかに星雲となって秒速千二百キロという猛スピードで四散しつつある星雲のもとになった巨大な星が、一〇五四年おうし座に突然現われて、昼間でも見えるほど明るく輝いたという記録は、日本と中国だけに残されていることはよく知られている。たとえば、鎌倉時代の歌人藤原定家の「明月記」の中では、〝客星天関星に孛《はい》す。大きさ歳星の如し〟と書かれている。客星とは見なれぬ星、つまりこの場合は超新星のことで、天関星とはおうし座のζ《ゼータ》星のこと、歳星とは木星のことである。これとよく似た記録は宋の時代の中国にも残されていて、それには一〇五四年の六月九日から七月六日ごろ明け方の東の空に現われ、金星のように昼間でも見えたとある。しかし、東洋のこうした記録以外には、この超新星の出現に関する記録は世界のどこにもないとされていたものである。だから私が彼のこの聞きずてならない話に興味を持ったのもむりもないわけである。

「……で、どんなふうに描かれていたの……」

「三日月形の細い月のすぐそばに、大きな丸い星が描かれているんです。学者の研究によると、その大きな星が、かに星雲の大爆発の様子を描いたものにちがいないというのです」

「ほお」

「計算してみると、超新星の出た年の七月五日の明け方には、確かに新月前の細い月と新星がわずか二度ばかりに接近してならんで見えていたということが確認されたのです」

「その洞穴のあたりにインデアンが生活していた年代もやっぱりそのころなのだろうか……」

「考古学者の意見では、そこに私たちの先祖が住みついていたのは、だいたい西暦九〇〇年から一一〇〇年ごろまでの二百年間だけだったそうです」

「でも、三日月の形と丸い星の形らしいものがならべて描かれていたって、そんな単純な組み合わせの絵はどこにでもあるんじゃないの……」

「いいえ、それが他の遺跡には見られないものなのです。そんな組み合わせの記号はぜんぜんでてこないのです」彼は話をつづけた。

「東洋の記録の正確さと学問的な価値にはおよびませんが、ヨーロッパやアラビアなどにまったく記録されていない天界の重大事が、この地にちゃんと記録されて残されていたのですよ……」

私は、彼の話を聞きながら、不思議な気分になって、彼の聖なる山を見つづけた。それは、建国二百年のはるか以前から、この地に暮らしていたパパゴ・インデアンたちが、驚きのまなざしで見入ったであろう超新星の輝きと、そのなれの果てともいうべきかに星雲の九百年後の姿を見まもりつづけることになった、この現代天文学の最先端を象徴するドームの群れの運命的なともいえる出会いに心を打たれたからである。

船上の日食観測――モーリタニア沖

「空の方は大丈夫だろうか……」

　大西洋の水平線に沈むにはまだだいぶ間があるのに、もうすっかりまぶしさを失って、丸い輪郭をはっきりと見せている太陽を見つめながら、隣で同じように太陽を見ている気象学者の富岡さんに、話しかけるともなく、私はつぶやいた。「予想以上にひどいな」と、富岡さんも私に答えるでもなく、まゆをひそめながら、これもひとり言のようにポツンとつぶやいた。

　私たちは、明後日にせまった皆既日食を観測しようとはるばる日本からやって来て、いま大西洋上を一路モーリタニア沖の皆既帯に向けて急いでいるところであった。

　私が、空の方は大丈夫だろうかとつぶやいたのは、船がカサブランカの港を出て以来、モーリタニアの沖に近づくにしたがって、これまで青かった空が、なぜか次第に白んできて、とうとう白っぽくかすんでしまっていたからである。私は、初め、これをてっきり薄雲が出たのだと思っていたのだが、富岡さんの説明によると、これは雲でもなんでもなく、おりから数年来の大干ばつに見舞われているサハラ砂漠やモーリタニアのかわききった大地から舞い上がった砂塵が、空一面をおおっているからだという。

日本でも春先に、中国大陸からの黄砂が空を黄色く染めてしまうことがよくあるが、これはそれをもっと大規模にしたものだというのである。ことによると、この白い砂塵におおわれた空では、皆既日食中のコロナは見られないのではないかという不安が私たちの胸をしだいに重苦しく締めつけてくるのだった。

やはり、船からでなく、空のよく澄んでいる陸地ケニアに行くべきではなかったのかという悔いが、ちらっちらっと頭をかすめ、ケニアに出かけた観測隊が歓声をあげながらコロナを観測している光景が脳裏をかすめる。

もちろん、私たちが、陸地のケニアではなく、わざわざモーリタニアの沖に船を乗り出してまで皆既日食を見ようとしたのには、それなりの理由がないわけではなかった。

日食というのは、太陽と地球の間に月が入り込んできて、太陽をおおい隠してしまう現象であることはよくご存じだと思うが、月が地球から少し遠くにあって見かけ上小さく見えるときには、太陽全面をおおい隠すことができず、太陽の端がはみ出して、指輪のように見える金環日食が起きる。逆に、月が地球に近く大きく見えると、太陽がすっぽり月におおい隠されて皆既日食となり、ふだんは太陽の強い光に打ち消されて見ることのできないコロナが、黒い太陽のまわりにパッと花ひらいてその神秘的な姿を見せてくれるのである。

天文学者は、その瞬間といっていいほどの短時間内にコロナなどの観測をするわけであるが、今回の皆既日食は、月が地球に近くうんと大きく見えるうえに、夏至を過ぎたばかりの太陽が、遠日点付近と一年じゅうでいちばん遠くにあって小さく見えるために、月が太陽をおおい隠している時間が、ふだんの皆既日食に比べはるかに長く、じつに七分四秒間におよぶという最大級の日食であるだけに、絶対に見のがすわけにはいかないチャンスなのである。

皆既の継続時間の最長は、理論上では七分四十秒であるが、過去において七分を越えたのは一九五五年のセイロン日食の七分八秒があり（実際は曇ってしまったが）、将来では、百七十七年後の二一五〇年の七分十四秒があるだけで、今回の皆既の継続時間は、事実上、私たちの体験できる皆既日食としては、最長、最大のものとなるわけである。

ところで、月の影が通っていくところならどこでもそれだけ長い皆既日食が見られるというわけではない。最良の場所は、アフリカのモーリタニア、マリ、ニジェールにかけてであって、それ以外のところでは皆既の時間が短くなってしまい、ケニアのあたりでは五分間くらいしか続かないことになるのだ。五分間も七分間も大した違いはないと思われるかもしれないが、そこはそれ、一秒でも二秒でも長くコロナを見ていたいというのが天文マニアの心境である。しかし、かといって連日新聞に報じられていたような、大旱魃《かんばつ》で数百万の人々が死に直面しているという熱砂の砂漠地帯に出かけてゆくほどの勇気と冒険心を私は持ち合わせていなかった。そこでモーリタニアの沖に船で出かけるのが最良ではないかと、そのチャンスをねらっていたのである。

だが皆既日食が起こる二か月前まではどうしてもうまいつてが見つからず、今回の日食行きはすっかりあきらめてしまっていた。そんなある日、モロッコのカサブランカから、世界の天文マニアを乗せて日食観測船が出るという耳よりな情報をつかみ、それっというので天文マニアの仲間としめし合わせ、このマサリア号に乗り込んだわけであった。

しかし、空一面をおおいつくした砂塵は、船が皆既帯に近づくにしたがってますますひどくなり、空は快晴なのに薄曇りというじつに奇妙な天候となってしまった。

「予想以上にひどいな」とつぶやいた富岡さん自身も、気象屋さんだけにこの現象はあらかじめわかっていたとはいえ、アフリカ大陸の広大なスケールに接するまでは、まさかこれほどのものとは思ってもみなかったのであろう。

日食の前日は、場所取りと観測のリハーサルで、船の狭い甲板は世界中から集まった

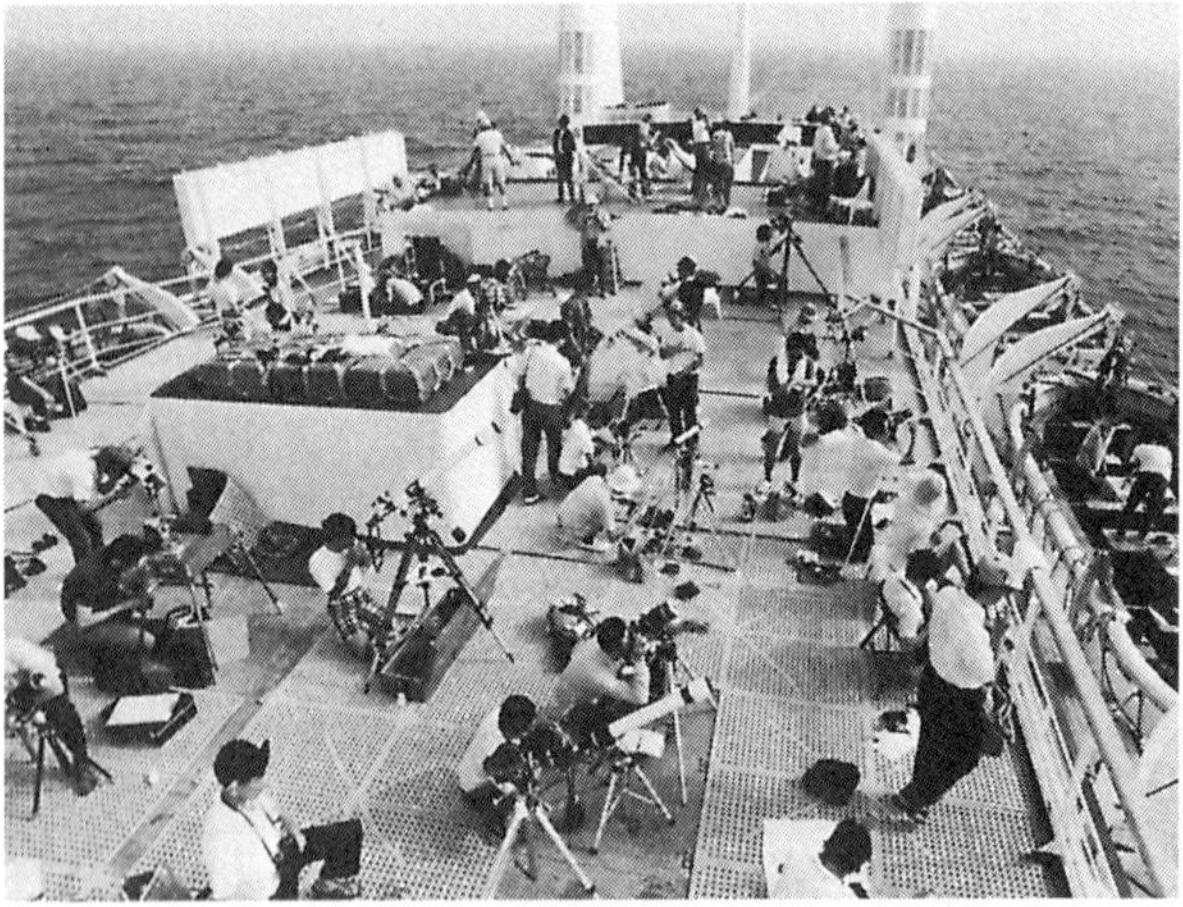

マサリア号の船上。思い思いの場所に観測陣をしいた各国の天文マニアたち。友情を深めあいのんびりすごしながら現地入りできるのが船上観測の大きな魅力。

三百人の天文マニアで大にぎわいとなった。

デッキの思い思いの場所に陣取ってテープで×印をつけ、名前を書いて、明日の観測場所を確保しておくのであるが、その陣取り合戦が終ってホッとはしてみたものの、やっぱり白い空を見あげてタメ息がこぼれる。

「なんとか、スカッと晴れてもらう方法はないものかねえ」私のこのつぶやきを隣に陣取った片山君が耳にして、「ま、アンドロメダ姫の神話のように海の神に犠牲でもささげるんですね」という。

「フム、なるほどね。で、そんな適当な人が仲間うちにいるかしらね」

「海が荒れたら、そりゃやっぱり箕輪先生じゃないですか。船に乗る前はしきりに胃が痛いといっていたのに、船の食事の〝大ご馳走〟を見たとたん大へんな食欲でしょう。みんなが船酔いして食事もできないほど弱りきっているというのに、たったひとりで全部平らげちゃうんですからね。くやしいったらありませんよ」

「食い物のうらみってやっぱり恐いもんだね。でも、箕輪先生のあの食欲、海の神様まで食べてしまうんじゃないかな。まあ、それはいいとして、万一曇りそうになったら誰がいい？」

「そりゃ、もちろん気象屋の富岡さんに決ってるじゃありませんか」

二人の冗談話に聞き耳をたてていた富岡さんは、これを聞いてびっくり、「おいおい、そんなのないよ。私はね、日立市の天気相談所の所員なんですよ。なんで管轄外のアフリカの天気まで責任もたなきゃならないんです。そんなことより、もっとききめのあることあるでしょう。ホラ、あのテルテル坊主が……」

この人、気象屋さんのくせにこれはまたひ

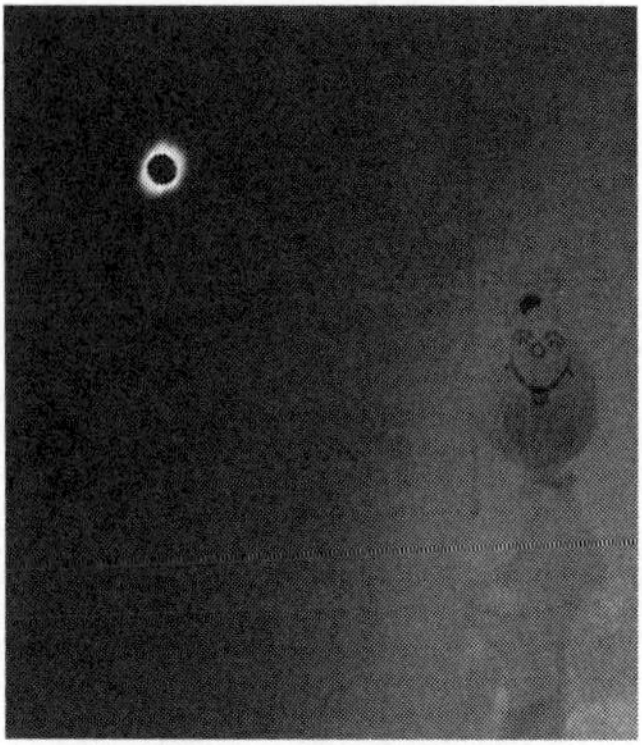
晴天を祈って船上につるされたオレンジ製テルテル坊主。人相は少々問題ありか……。

どく非科学的なことをいいだしたものである。しかし、まあ日本の天気予報の確率を考えればこのへんのところが妥当な線かも……ということで話がまとまり、さっそく昼食のオレンジで大テルテル坊主を作り、デッキにつるした。船旅では暇な人が多い。さっそくメキシコのおばさんが珍しそうにやってきて、これはなんだと聞く。

「天気をよくするおまじないの神様さ」と答えると、「それにしては、なんだか人をおちょくっているような顔つきだねえ」といって考えこみ、横からカナダのおじいさんが「曇らさないでくれよ」と大声でどなった。どうやらベロを出してアカンベエをしているような顔に描いたのがまずかったらしい。「ま、テルテル坊主様の威力は、あしたになってみりゃわかるさ」

そんなリハーサル風景の真最中だった。　突然船が走るのをやめ、波のまにまに右に左に大きくゆれだしたのである。

「富岡さん、船が止まったけど、あすの皆既中に船を止めたときのことを考えての予行演習なのかしらね……」

「そうだろう。追い風なので船が動いているときには風が吹いていているように感じなかったが、止まるとやっぱり相当強く風が吹いているのがわかるね。それに横揺れ防止装置も止まってしまうので船が揺れて、これじゃ具合が悪いなあ」

「むしろ、皆既中も月の影の動く方向にしたがって船を動かしてもらったほうがいいんじゃないかなあ。それだけ皆既時間も長くなるし……」

「そんな欲ばったことをすると、アフリカ大陸の砂漠の中に船が乗り上げてしまわないか」

「アハハハ……」

たわいもない会話をかわしながら船室に降りてゆくと、船長と機関士が何やらけわしい顔で話をしているのが目に止まった。

聞くともなしにその話の内容を聞いて、二人はびっくり仰天。思わず顔を見合わせてしまった。なんと船が止まったのは当日の予行演習でもなんでもないのだ。正真正銘、船が故障して動けなくなったというのだ。しかも部品のスペアもないから「もしかするとあすは皆既帯へ入れないかもしれない」などと、とんでもないことを話し合っているではないか。

皆既帯まで、あと百キロ足らずのところまで来ていながら、突然船が故障して漂流をはじめるなんて……はるばる地球の裏側までやってきて一週間の船酔いをがまんしたあげくがこのありさまでは死んでも死にきれない。「あとはどうなってもかまわないから、明日だけはなんとしても皆既帯に入れますように……」と、またもや天に祈るしか手がないのだから天文マニアも情けない。

船のこと、空のことが気になってほとんど眠ることができなかった私たちは、それでも夜明けちかくになって眠りこんでしまったらしい。カーテンをあけると、太陽はもうかなり高く昇ってきていた。空は相変らず白っぽいが、テルテル坊主様の霊験もあらたか。気のせいか欲目か、これまでよりも太陽の輝きがまぶしいし、頭上近くの空も青っぽくなっている。

聞くところによると、器用な機関士の徹夜の修理のおかげで船は皆既帯目ざして全速力で走っているらしい。「しめた、富岡さん、このぶんだといけるぞ」スケッチブックを片手に甲板にあがると、ちょっとのんびりしすぎたか、もう太陽が欠けはじめている。

私は東京を出る前に、同じ日食観測でモーリタニアに陣取られた東京天文台の守山隊長から「コロナを見に行くんだったら、写真よりぜひスケッチをやりなさいよ」とすすめられていたものだから、ひとつコロナのすばらしいカラースケッチをものにしてやろうと意気込んでいたので、部分食の間は欠けてゆく太陽をのんびりながめているだけにした。そのうちにふと、我々のテルテル坊主の下に、こともあろうに雨蛙の人形が五匹もならんで天をにらんでいることに気づいてびっくり仰天してしまった。「やや、今日のような日に、これほどのいたずらがあるものか」とあたりを見わたすと、犯人はどうやらわれわれの後に陣取ったドイツのお嬢さんらしい。よく聞きただしてみると、彼女の住んでいる地方では、蛙が晴れを呼んでくれるといういい伝えがあるのだそうだ。所変われば品変わるというが、まさかアフリカの沖合で、テルテル坊主と雨蛙が同居して晴天を祈ることになろうとは思ってもみないことであった。

食が進み、太陽がだんだん欠け細ってくると、気温が急に下がりはじめ、船上は灰色の陰鬱な暗やみにおおわれはじめた。

マサリア号は皆既の中心目ざして夢中で走っているのだろう。止まる気配もない。ふと西空を振り返ると、月の影、本影錐《ほんえいすい》がこちらに向かって走ってくるのが見える。そのとき誰かが「シャドーバンドだ」と大声をあげた。細い竹の葉のさざめきのようにゆれる灰色の影が、白い船の全面をおおって、甲板といわず壁といわず、それこそあたり一面に映っているのがわかる。それはちょうど悪気流のとき、星像の前を横切る大気の流れのような影で、ものすごい速さでゆらゆらゆれながら走っていく。

やがて月の本影が船の上に黒々とおおいかぶさって、太陽の最後の輝きが月の谷間からもれ、一瞬ダイヤモンドのようにきらめいて消えると、真黒な太陽のまわりにコロナの花が咲いた。

船上三百人の観測陣の目がいっせいに、大西洋上にその神秘の姿を現わしたコロナにそそがれる。

だれひとりとして声をあげるものもない。ただ聞こえるのはカメラのシャッターをせわしく切る音ばかりだ。

「落ち着け、落ち着け！　六分間はたっぷり見られるのだ……」そう自分にいい聞かせるのだが、双眼鏡でのぞく手がぶるぶるとふるえて止まらない。これまで写真で見たコロナは、ただボーッとした光芒しかわからなかったが、今、目のあたりにしている現実のコロナは、無数の線の集まりだ。エンゼルフィッシュの尾のように東西にしなやかにのびたコロナの流線が、胸に重苦しいほどの繊細な美しさでせまってくる。内部コロナの色は、そう、ほとんど真白、重厚な真珠色とでも言っておこうか。そして、外部コロナの先端は濃暗緑色を呈している。

「……しかし、とてもダメだ。こんな複雑なコロナの色彩と模様を短時間で描きあらわすなんてとてもできるもんか」私はあきらめてスケッチブックと色鉛筆を甲板に放り出してしまった。

「こうなったら肉眼でコロナをじっくり見て脳裏にしっかり焼きつけておくしかない。そうだ、この場では結局それがいちばん正しいやり方なのだ」そう判断した私は、コロナを目でながめるということだけにマトをしぼることにした。そうなると、さすがに皆既時間の長い日食だけあって、時間と心にたっぷり余裕が出てきた。

双眼鏡から目をはなしてあたりを見まわすと、遠くに日の丸の旗を立てた漁船が灯をともしているのが見える。遠く日本からやってきて偶然、皆既帯に入り込んでしまったのだろう。突然真暗になった空を見あげて船長以下あわてふためいているようすが目に浮かんでくる。

写真にはボーッとした光芒に写るコロナも、実際には無数の流線模様の集まりとして見える。そして、太陽面の活動の消長によって日食ごとにその形を変えてみせる。

空に目を転じると、一面濃灰色の不思議な色の空の中、コロナのずっと左下に、金星が明るく輝いているのが見えた。太陽はふたご座の足もとにあって、オリオン座などの明るい冬の星座が近くにあるはずなのに恒星はひとつも見えない。コロナの放つ光芒が満月よりはるかに明るいのだ。

突然、「助けてー」とだれかが叫んだ。船がぐらりと揺れて、望遠鏡やカメラの視野からコロナが逃げだし、思わず叫んでしまったものらしい。このとき初めて夢の世界にさまよい込んでしまったような、不思議な光景の中にいる自分に気がついて、あたりを見わたすが、だれも振り向くものはいない。わずか六分間にすべてをかけて、一秒もむだにすまいと夢中なのだ。暗やみの中での極度の緊張と興奮で、みんなの顔がひきつっているようで気味が悪いほどである。

再び太陽に目をやると、ピンク色の紅炎がメラメラと燃え上がっているのが見えてきた。「ああ、太陽が燃えている」この時ほど、実感として太陽の正体をながめたことはなかった。

西の空が明るくなってきた。もう月の影が去ってゆくのだ。そして次の瞬間パッと太陽の光が月の谷間からもれて、一瞬ダイヤモンドのように輝き、ダイヤモンドの指輪のような姿を見せたかと思うと、鎌のように細い太陽となり、ぐんぐん元の太陽の姿へと戻っていく。六分間の皆既日食のすべてが終ったのだ。それはほんの一瞬の出来事としか思えない短い時間だった。

夢からさめたあとのように、しばらくの間、誰一人口をきくものもない。

そのとき、船長が甲板にかけのぼってきて、どうだといわんばかりに胸をはった。ほとんど皆既帯の中心に到達したのだそうだ。甲板上では、どこからともなくいっせいに拍手がわき起こった。

星がこわい……――マラケシュ

私は、モロッコの美しい港町カサブランカから約二百キロ真南に下ったマラケシュの町に向かって車を走らせながら、「砂漠で星を見たい」という考えを起こしたことに、少々後悔に似た気持をもちはじめていた。

砂と石ころだけのなだらかな起伏が、際限なくつづく砂漠の中の一本道を、百キロ近いスピードで飛ばす車の中は、冷房を入れているとはいうものの、いっこうに冷える気配もなく、息をするのも苦しいほどの暑さである。ムンムンする車内の熱気に耐えかねて、思わず窓を開けると、もっとひどい熱風が顔に吹きつけてきて、あわてて窓を閉めなおすありさまだ。

夏至を少し過ぎたばかりの太陽光線は、乾き切った大気の中を、ストレートに通り抜けて、頭の真上あたりからギラギラ照りつけてくるのだから、ときおり車窓を横ぎる小さな村の土壁の家のあたりに、ほとんど人影が見あたらないのも、羊たちが小さな物陰をさがしだして、その中で死んだようにじっとうずくまっているのも無理からぬ気がする。遠くの地平線に、森のような蜃気楼《しんきろう》が立つのをみながら、このとんでもない暑さは、数字の上ではいったいどれくらいになるのだろうかと、走る車の窓からそっと温度計を差し出してみると、水銀柱は文字どおりうなぎ昇りに上がって、なんと四十五度Cをさしているではないか。

気温四十五度Cという日本では経験したこともなかった暑さにあえぎながら、なおもサハラ砂漠のほうに向けて車を走らせているのは、たぶんに友人の佐藤君に砂漠の星空のものすごさについて語り聞かされていたせいである。

彼は、中近東の発掘調査に出かけて帰ってくるなり「いやあ、砂漠で見る星があんなにこわいなんて思ってもみなかったよ。なにしろ宵の明星みたいなでかいやつが、それこそ空一面に散らばって、ひと晩中にらみつけてくるんだからね。テントから出るのが気味悪かったよ」

「星がこわい……」星キチガイの私にとって、これはたまらなくユニークで新鮮な表現だったし、そのひとことを聞いただけで、私の頭の中はもう砂漠の星空のことでいっぱいになっていた。しかし、以前日食観測でサハラ砂漠に出かけた東京天文台の観測隊員の何人かが、帰ってくるなり数週間入院したのを見舞ったことがあったので、あんなになってもたまらないと、今回は適当に砂漠のムードが味わえそうなところというわけで、マラケシュの町にねらいを定めたのである。それがこの暑さなのだから、いいかげんうんざりして「砂漠で星を見る」というような、いささかロマンチックな考えを起こしたことに後悔しはじめたとしてもしかたないだろう。

もっとも、この暑さのおかげで奇妙な経験もすることになる。たとえば、ロバに乗った村人たちを道端で見かけることがあるのだが、これがみな、いかにも厚ぼったい着物を着こんでいるので「そんなに厚い着物を着て、よく平気でいられるね」と声をかけてみた。すると村人は黙って腕をまくりあげ、車の窓から出ている私の腕にくっつけてきた。そのとき、私は腕の周辺になにやらスッとするものを感じた。「なるほど」このあたりでは人間の体温より外気の方がはるかに高いので、人間どうしが身体を寄せあえば、かえって涼しさを感じるというわけか。つまり、外気が体の中に入って来ないように、着物でつつみこんでしまった方が涼しいのだと合点した。

古都マラケシュは、砂漠の中のオアシスにある緑におおわれた美しい街だった。木が多いせいか郊外の砂漠地帯よりずっとすごしやすく、夕方になると、昼間の暑さがウソのようにスーッと冷えこんでくる。聞くところによると、カサブランカというのは〝白い家〟という意味で、マラケシュというのは〝赤い家〟という意味だそうだ。なるほど、カサブランカの街なみは白一色だったが、このマラケシュの街は、家も道路も壁もなに

モロッコの古都マラケシュは、緑と赤い土のコントラストが映える美しい街。遠くにそびえるモスクの下には商店や露店が軒をならべにぎわっている。

もかもすべてレンガ色をしており、街の名にふさわしいたたずまいをみせている。

夕涼みというにはまだ早かったが、それでもやっと涼しさが感じられるようになってきたので、部屋にとじこもっているよりはと、私は腰をあげ、街中へ散歩に出かけることにした。

ホテルを出るとすぐ後ろからしきりに呼びかける声がする。振り返ると、乗り合い馬車のおっさんが、向こうの方で、街に行くのならだいぶ遠いからこの馬車に乗っていかないかと、すすめてくれたところであった。「よーし、乗せてくれ」と合図をおくると、そのおっさんは大喜びで馬車を走らせて来て、私の前に手を差し出した。「前金でどうぞ」というのである。

十五分ばかりポクポク走って、もうじき市場に着くという段になって、何を思いついたのか、そのおっさん、馬車を止めると、何もいわずに一目散にどこか路地の方へかけこんで行ってしまったのである。

「あー、お祈りに行ってしまったんだな」私はそう気づくと、これはもう当分帰ってこないだろうとあきらめ、馬車から降りた。なにしろコーランの教えに生きる彼らのことだ。お祈りの時間がくればお客などかまっていられるものではないらしい。そのことは他でも、もうこれまでに何度も経験したことだから、勝手に姿を消されても別に驚きはしなかった。むしろ、このごろでは、そういうぐあいに徹底的なまでに宗教に生きることのできる彼らの方がまともなのであって、私のような無宗教的人間の方がはるかに不幸で、おかしいのではないのだろうか、とさえ思うようになってきている。

さて、それはともかく、どの街でもぶらついておもしろいのは市場である。それもとくにアラブ系のこういう街では、買物がめちゃめちゃに楽しい。だから暗くなるまでは広場で開かれているバザールに顔を出して、革製品や金細工の掘り出しものをあさることになる。

店のぎょろ目のおやじさんは、私を見かけると「高いよ高いよ」と日本語で声を張りあげる。どうやら観光客がふざけ半分に「安いよ安いよ」というのを逆に教えたものらしい。

「この皿、八千円だけど買わないか」「八千円だって、冗談じゃないよ、八百円なら買うよ」「八百円にまけろだって、バカいっちゃいかんよ……でも売った!」ふっかける方もふっかける方だが、ねぎる方もねぎる方である。バザールではなんでも売り物になるから声をかけてみるといい。蛇つかいのおっさんが、ピーピー笛を吹いてコブラを踊らせていた。なかなかいい音色なので「どうだいその笛売らないか」と声をかけてみた。うさんくさそうに片目を開けた蛇つかい、おもむろに指をつきだして五千円だぞという。ねぎっても悪くないが、そこは商売道具をとりあげるのだからと思ってそれにしたがうと、こんどはコブラを指さして「これも五千円、どう」という。これにはさすがの私も開いた口がふさがらなかった。

赤いマラケシュの街に、夜のとばりがおりるころになると、ところどころに裸電球がともり、その明りで家の軒先や壁が真暗やみの中にぼんやり赤く照らし出され、まるでアラビアンナイトの世界にまぎれこんだような街のふんい気である。

私はホテルに戻ると、さっそく双眼鏡をもち出し、街角に立って星空にかざした。ここはアフリカといっても緯度は鹿児島あたりと同じだから、見あげる星空も日本のそれと大差はない。したがって格別目あたらしい星が見えるわけでもなかったが、真南の空にさそり座の一等星アンタレスが、いつになく赤く輝いているのが目にとまった。私は、アンタレスという星に、こんなにも似つかわしい街があったのかと、むしょうにうれしくなった。

そのときである。さきほどの乗り合い馬車のおっさんがちょうど通りかかって、私を見つけると、さも驚いたように、「あっ、さっきのお客さん」と声をあげて駆車台《ぎょしゃ》から降りて来た。そして「ちょっと待っててくれればよかったのに」と、さも悪かったというように両手をひろげ肩をすぼめてみせた。彼は、私が双眼鏡で星を見ているのだとわかると、いきなりあちこちの星を指さしては、早口でしゃべりはじめたのである。

コーランにも「神は、陸にても海にても、暗き夜のしるべとなるように星々を与えたまえり」とあるように、このおっさんも、もしかすると、あんがいたくさんの星の知識をもっているのかもしれない。しかし、簡単な話ならともかく、ややこしい話になると、もう何をいっているのやらさっぱりわからない。それでもなんとか耳をかたむけていると、たまに聞いたことのあるような星の名らしき言葉が飛びだしてくるので、彼の指さした方向と、自分の知っているかぎりの知識で勝手に判断してみる。と、これがなかなかおもしろい。地平低く指さしたときには、それはきっと今の季節には出ていない〝マホメットの星〟カノープスのことをいっているのだろうと思われる。マホメットは、地平の果て低く輝くカノープスを自分の星として信仰していたといわれるからである。また北極星を指させば、これはすぐにわかる。星をあおいで砂漠を旅するとき、聖都メッカの方角を知るためにまず必要な星だったからである。

おっさんは、話の途中で遠くから誰かに声をかけられたらしい。しかし、それには振り向きもせず、片手をあげて答えながらなおも勝手に話をつづけた。やっと一段落ついたところで、どうだ詳しいだろうというふうにちょっぴり自慢そうな表情をみせると、こんどはさっさと馬車に乗りこみ、むちをひとふりくれて声のした方へ行ってしまった。

私はあっけにとられながら、馬車が街灯にほんのり浮かびあがった赤い塀の曲り角に消えるのを見送った。

この砂漠の街の中で見あげる星空は期待どおりの美しさであった。しかし、かの友人がいった「こわい星空」とは大違いで、私にはどうしてもやさしい星空にしか見えなかった。それはきっと陽気で親切で信仰深い街の人々とのかかわりあいの中で見あげたせいなのだろうと思った。

イグアナの島から北極星を——ガラパゴス

隣の席になにやらゴチャゴチャした荷物をかかえて陣取ったアメリカ青年ライト君は、生物学者の卵にしてはひどくおしゃべりな青年であった。昨夜遅かった私がうつらうつらしているのを、一向に気にかけるでもなく、どうでもいいようなことをあれこれしゃべりかけてくるので、私はいささかもてあまし気味に閉口していた。そのうち何やら窓の外に彼の興味を引くものを見つけたらしく、静かになったので、私はほっとしてそのまま眠りに引きこまれてしまった。

どれくらい時間がたったころだろうか、突然「この飛行機、燃料がもれてるんとちがうのか」という彼のすっとんきょうな、しかも聞きずてならない言葉に目をさまされてしまった。寝ぼけまなこで彼の指さす方に目をやると、人の足あとがいくつもついた翼の下から、たしかに、後方にまっすぐ糸のように細いスジがたなびいているのが見える。

「ああ、ほんとうにそうかもしれないぞ……」あくびをこらえながら答えると、意を強くしたのかライト君、オーバーなジェスチャーで騒ぎたてたものだから、あまり多くない乗客の中にざわめきが起こり、スチュワーデスとパイロットがすぐにやってきて窓の外をのぞいた。

パイロットはしばらく考えこんでから、スチュワーデスに、すぐ空港に引き返すことを指示したようだった。ライト君はそれを耳にはさむと、パイロットにいった。「もうずいぶん飛んだんでしょう。引き返すより、このままガラパゴスの飛行場まで飛んだらどうなのです」

パイロットは、ちょっとオーバーに両手をひろげ、肩をすぼめていった。「たしかに、もうグアヤキルの空港から一時間も飛んだからね。でもガラパゴスのバルトラ島の飛行場までは、あと二時間、燃料の方はあと一時間、だとするとお客さんどっちを選びます……」ライト君もすぐいい返した。「なるほど、それじゃ納得ね……、ところであなたパイロットなんでしょう。だとするといま誰が操縦しているんです」パイロットは目を大きく見ひらくと、オーバーなジェスチャーで「そう、その方がもっと大問題でした」と笑いながら操縦席の方へ戻っていった。操縦士に副操縦士、パイロットが二人いることは誰もが知っていたが、こんな愉快なやりとりのおかげでか一瞬緊張した機内の空気もすっかりほぐれてしまった。

再び空港に戻ってくると、消防車やら、ホースを持った人たちが滑走路のわきにずらっと並んでいるのが目に入った。やっぱり事態は良くなかったのかもしれないな、と思うと、眠気などどこへやらすっとんでしまった。

乗り換えの飛行機は、前のと同型機ではあったが、こんどは定期便に使用されていたまともなものをまわしてくれたらしく、快適なものだった。ライト君は、ガラ空きなのにまた私のそばにやってきてすわると、椅子をバンバンとたたきながら、「そういえば、前のやつは妙にほこりっぽかったよな、きっと倉庫に眠ってたやつを引っぱり出してきたのにちがいないよ」といい、「実際けしからんよ」ともつぶやいた。

三時間の飛行ののち、私たちは、ガラパゴス諸島の大きな島をいくつも眼下に見て、そのうちのいちばん小さくてサボテンだけが生えているという、バルトラ島に着陸した。

ガラパゴス諸島の名は、『種の起源』のダーウィンが、そこに住む数々の不思議な生物に接して、その歴史的な学説を組み立てる上で重要な示唆を得たところとして、あまりにも有名なので、ご存じの方も多いことであろう。

私はかねがね太古の時代の恐竜を思わせるようなイグアナをはじめ、ダーウィンを魅了したという、世界でもここだけにしか住まない奇妙な生物たちに接してみたいと思っていたので、この諸島を訪れるチャンスをひそかにねらっていた。しかしなにしろここは世界的に貴重な生物の宝庫として、厳重に環境保護が行なわれており、ダーウィン研

ガラパゴスの印象。激しい海底火山の活動によって生じた奇岩の数々、そこに住む不思議な生物たち、タイムトンネルをぬけて太古の世界にさまよいでたようだ。

究所がある島のほかは無人島となっているから、私のようないわゆる観光客が気軽にここを訪れるというようなことはできない。もちろん観光客をまったく受け入れていないわけではなく、漁船を改造したような小さな観光船をホテルがわりにして、そこに寝とまりしながら、一週間の島めぐりを楽しむような便宜がはかられている。それを利用すればよいわけだが、なにしろ六十人くらいしか収容できない小さな船だから「あなたは何月何日に来なさい」という許可がくるまでは勝手にでかけることはできない。

観光客は、まず指定された日にエクアドルの商都グアヤキルの空港に集まり、そこから少々くたびれかけたチャーター機、つまり、われわれが油漏れで引き返した例の飛行機で三時間かかって、ガラパゴス諸島中のこのバルトラ島まで運ばれ、そしてここから船で島めぐりの旅に出ることになるわけである。

船に乗り込むと、申し込み順だといって、私は最上部の甲板のいちばん見はらしのよい部屋の鍵をわたされた。「へぇ、夜起きだして星をながめるには最高じゃないか」とうれしくなって鍵をクルクルまわしながら階段を上っていくと、なんと隣の部屋から、あのライト君が顔を出して「これ、あんたの分だって」といいながら、ビニール袋を渡してくれた。「これ何にするの」不審顔で聞く私に、ライト君はちょっぴり語調を変え、「えー、ダーウィン研究所のガイド氏がおっしゃいますにはですな、この島からは何も持ちだしてはいけないし、持ち込んでもいけないいんであります……」

「……」

「つまり、島にあるものは、たとえ小さな石ころでも持ち出すことはダメなんだって。もし、そういう不心得なことをすると、エクアドルに戻ってから懲役刑に処せられるんだそうですよ。それから、このビニール袋はね、首からぶら下げておいて、島へ上陸したとき万一、紙くずのようなものが出たら、必ずこれに入れて持って帰れってわけですよ」

「なるほど、大した徹底ぶりだね」と感心しながら、さっそくビニール袋のヒモを首に通すと、ライト君はさらにつづけて、「ガラパゴスというのはスペイン語でカメのことを意味する言葉でしょう。この島を、かつてカメの島とよばせたほどたくさんいた大ガメがいまや絶滅寸前なんですからね。これくらいの環境保全のための配慮は当然のことですよ。いっそ、観光客も全面的に締め出してしまうべきです」などと、自分のことは棚に上げて変に威勢がいい。

ガラパゴス諸島は、十三の島と大小無数の岩や小島からなっているが、最大の島は直径百二十キロもあるから、けっして小さな島々の集まりではない。したがって島から島への移動は、主として夜のうちに行なわれ、朝、目覚めるたびにちがう島を目にすることになる。

わずか数十キロしか離れていない島から島へと移動したところで、植物にしろ動物にしろ、そんなに大した変化もないだろうと思われるかもしれないが、ガラパゴス諸島の島々にかぎっては、その考えはあたらない。

わずか数キロしかへだてていない小島でも様相が一変し、島によってすべて異なった生物たちがつぎつぎと登場してくるのである。だから見学はあきることなく、じつに忙しくつづけなければならないことになる。

航行中はのんびりしているはずの船旅でも、ここではそうゆったり構えているわけにもいかない。船内放送で「イルカの大群が船のまわりに集まって歓迎してくれています」とか「クジラが潮を吹きながら左舷に接近しています」などと、たえず教えてくれるから、乗客はじっとしてはいられず、船内を右舷に左舷にと右往左往し、大忙しということになってしまうからである。

島への上陸は、各グループごとに分れて、ボートに乗り移って行なわれるが、それも岸近くまでで、それから先はジャポンと海の中へ飛びこんで歩くことになる。

ところが、この海水がまたたいへんに冷たく、泳ぎながら星を見てやろうと楽しみにしていた私も完全にその目算を狂わされてしまった。南氷洋の寒流がはるばるこの島まで流れていることは聞いていたが、赤道直下でも、まだこんなに冷たいとは思ってもみないことだったからだ。なるほどあたりを見まわしてみれば、私のまわりでさも楽しげに泳ぎまわっているのは、アシカだとかクジラだとか、ペンギンだとか、およそ赤道直下にはふさわしくない連中ばかりだからあきれてし

「こんなところまで何しにきたの……」ガラパゴスののんびり屋アシカに声かけられて……。

逃げる必要がなく翼が退化してしまった無翼鵜。その目はブルー。

まう。

この島では、長い間食いつ食われつという生活が行なわれなかったせいか、動物たちの生活態度は、じつに優雅なもので、私たちがどんなにそばに寄ってのぞきこんでも、まず恐れて逃げだすようなことはなく、まるで無関心である。むしろ、もの見高いアシカなどは団体を組んで私たちのそばによってきて、しげしげとながめていく。いったいどっちが見物されているのかわからなくなって、私などは、つい気恥ずかしくなってモジモジしてしまうほどであったし、シュノーケルをつけて海岸線を泳いで調べものをしているライト君など、仲間と勘違いされるほどの歓迎ぶりに弱りはててしまっていた。

ところで、この不思議な島での見ものには、逃げる必要がないため翼の退化してしまった鵜《う》だとか、五メートルを越えるサボテンの大木に生えているトゲを使って木の中の虫をじつにたくみにつつき出すフィンチなどいろいろあるが、なんといっても圧巻は、

海岸で日なたぼっこ中の海イグアナの大群。ひどく派手な色彩のものから真黒のものまで、イグアナの種類は各島々によって驚くほどじつにさまざま。

溶岩流が冷えて固まった海岸の岩の上に、数百匹、いや数千匹の群をなして寝そべっている海イグアナたちの姿であろう。

　大きいものは体長が一メートル以上もあり、外見は太古の世界をわがもの顔に歩きまわっていたという恐竜にそっくりである。

　彼らは、一見グロテスクな顔つき、格好をしているので誤解されやすいが、実際には、性質はきわめて温和で、ガラパゴスだけにいる赤ガニが背中を歩きまわろうと、別のイグアナが背中にのってこようと、一向に気にするようすもなく、ただじっと日なたぼっこをつづけている。

「外見はごついけど、よく見てみる

と、意外にやさしい目つきをしているし、顔つきだってなかなかしぶくていいじゃないか……、もしかすると人間より彼らの方がハンサムなのかもしれないぞ」などとつぶやきながら、背をかがめ、彼らの群の中に身をおいて、しきりに感心していると、ライト君がやってきて、「どれどれ」とイグアナに顔を近づけ、ふざけ半分ににらめっこするような格好をした。そのとたん、イグアナたちは、さも気味悪そうな目つきでいっせいにライト君めがけて、チッチッチッと唾を吐きかけてきたからたまらない。ライト君は、イグアナの唾のいっせい射撃をまともにうけ、「わっ」と両手で顔をおおい、その場にひっくり返ってしまった。

　私は笑いながらライト君にたずねた。「それにしても、このイグアナたちはどうしてこうも日なたぼっこが好きなんだろうね」ライト君は海水で顔を洗いながら「ここの海水は冷たいでしょう。それで彼らはいつも身体を温めるために日なたぼっこしているってわけですよ。……優雅なもんです」

　ガラパゴスの夕空は美しい。真赤な夕やけ空には、数えきれないほどの軍艦鳥《フリゲート・バード》のシルエットが船上高く低く、大きな翼をひろげてゆっくりゆっくり輪を描いて舞い、空には細い月と宵の明星がまだ明るいうちから輝きはじめている。

　ガラパゴスの夜空もまた太古の星空をそのままもちつづけているように、暗く、星々の輝きがじつに美しい。だから、あたりが暗さを増してくると、いよいよ私のお目当ての時間の始まりというわけである。

ここ赤道直下で見あげる星空は、日本のような中緯度地帯で見あげる星空とはかなり趣きを異にするので、見なれないあいだは、ずいぶんとまどってしまうことがある。まず第一に、太陽も月も星もみな東の空からまっすぐ頭上に昇ってきて、まっすぐ西の水平線へと沈んでいくことである。たとえば、オリオン座のあの三ツ星をかこむ四角形が真横に寝たまま、まっすぐ頭上めざして昇ってくるようすなど、日本の空でななめにかしいで昇ってくるオリオン座を見なれた目には、じつに奇異にうつる。しかし、それよりなにより、もっと不思議な感銘を受ける光景は、天の北極付近の星座と天の南極付近の星座が同時に見わたせることである。北の空に大きく傾いた北斗七星と、カシオペア座のW字を見て、真南の空に大小マゼラン雲がぽっかり浮かんでいる星空を現実に目の

2m以上もある翼をひろげ悠々と空にただよう軍艦鳥。

あたりにすると、見てはいけないものを見てしまったときのような、あの一種異様な興奮がおそってきて、頭の中がわけもなく混乱し、目まいが起こるような、じつに奇妙な精神状態に陥ってしまいそうである。星マニアならではの感情であろうか。

ところで、私はかねてから、地球上のいちばんのでっぱり、つまり、赤道上に立ったときにぜひ確かめてみたいと思っていたことがあった。それは、赤道上で北極星が見えるかどうかということである。北極星は、正確には、天の北極からカシオペア座側に一度弱離れているので、カシオペアのW字が北の空高く、M字形にひっくり返るころには、赤道上でも水平線からほんのわずか上に昇って見えていることになるから、ガラパゴスのこの美しい空なら、北の水平線上に本来の二等星よりはかなり暗く減光されてはいるものの、当然見えてよいはずである。

夏の終りの今の季節に、カシオペア座が北天高く昇るのは明け方のころになり、それまでにはまだまだたっぷり時間がある。「さすがのライト君も昨夜は遅くまで星座見物をやったのと、朝早くからの島めぐりで、今夜は早々とお休みらしいな」隣室の電気が早くから消えているのを横目に、私は真暗な甲板上に寝そべってぼんやり星空をながめていると、星空が静かに静かに回転し、まわり灯籠のように次々と星座が私の目の前に姿をあらわしてくれる。どうやら錨《アンカー》を中心に船がゆっくり回転しているらしいのだ。

そのうち、私は意外なものに目をとめ、かすかな驚きの声をあげて、思わず腰を浮かせて起きあがった。今、目の前にめぐってきたやぎ座とみずがめ座の中間あたりに、黄色っぽいかすかな楕円形の光芒をみとめたからである。「あれは対日照じゃないか……」対日照というのは、太陽とほぼ正反対の位置あたりに、ぼんやり明るい光が見える現象で、その明るさは銀河よりも暗く、都会の汚れた空気の中ではとうてい見ることのできないものである。それが、今はっきりと、そう幅は東西に三十度、南北に十五度くらいにもひろがっているだろうか――見えているのである。しかも驚いたことに、ほんのりと黄色味をおびているように感じられるのである。もちろん日本でも空の暗いところに住んでいる私は、対日照をこれまでに何度も見てきている。しかし、それはたいてい白っぽく、ごく淡くしか見えないものばかりであった。それが今、こんなにも明瞭な光芒となって、しかも黄色っぽい色まで判別できるとは……。私が軽い驚きの声をあげたのも、このためであった。

「対日照の正体は、地球の黄道の外側に分布している流星物質などの小さなチリのようなものが太陽の光を散乱反射して見えているものらしいといわれているが、なるほど、それなら黄色っぽい太陽の光どおり黄色味をおびて見えたって不思議はないわけだ……」ひとりごとをつぶやきながら見つめていると、突然、うしろのデッキで「ウホン」という奇妙な咳ばらいをする声が聞こえた。驚いて振り返ると、裸電球の薄明りの中に、頭の白い目ばかりぎょろぎょろした老人が、毛布にくるまって椅子にすわり、私の方をじっと見つめているところであった。察するところ、この老人は、どうやらこの船の寝ずの見張り番をしている船員らしく思われた。

「赤道上っていうから、もっと暑いのかと思ってたら、夜はあんがい冷えこむんですねぇ」挨拶がわりに声をかけると、その色の浅黒い老人は白い歯を見せてかすかな笑顔をつくると、空を指さして聞きかえしてきた。「星の研究をしてるのかね」「うん、まあ……」とあいまいに答えると、その老人はむっくり起きあがり、毛布の下から腕をのばし、南の空に、もうだいぶ高くのぼってきた大マゼラン雲と小マゼラン雲を指さして私に聞いた。

「いつも不思議に思っとるんじゃ、あの白い雲のようなものはいったい何なのかね。晴れた晩にかぎってよく見えるところをみると雲じゃなさそうだし……」老人は毎晩一人で夜の見張り番をしているうちに奇妙な雲に気づいて不思議に思いつづけていたらしいのだ。私は「あれは銀河系の……」といいかけて言葉をつまらせた。

大小マゼラン雲がわれわれの住む銀河系から十七万光年ばかり離れたところに浮かぶ、銀河系のお伴の星雲、つまり、銀河系を太陽にたとえれば、二つのマゼラン雲は地球と月に相当する星の大集団であることを、この老人にこまごまと説明してわからせる自信がなかったからである。「あれはね、本当はかぞえきれない星の集まりで、うんと遠くにあるものだから、あんな雲のかたまりのように見えてるってわけですよ」「フム、星

大マゼラン雲と小マゼラン雲。天の南極の近くに雲のようにぼうと浮かぶ大小二つのマゼラン雲は、船乗りの間では、喜望峰の近くでよく見えるところからケープ雲として昔から知られていたが、マゼランがヨーロッパに詳しく紹介してからマゼラン雲とよばれるようになった。実体は銀河系のすぐそば約17万光年のところにある星の大集団で、銀河系とは三重星雲系をなしている。

の集まりじゃとなァ……」老人は納得しかねたのか、ちょっと首をひねってみせたが、何を思ったかやがて「フォッフォッフォッ」と低い奇妙な笑い声をたてながらもとの椅子にすわりこんで、再び毛布の中に身をしずめた。

やがて私は、カシオペアのW字が高く昇ってM字形にひっくり返ったのを見とどけると、双眼鏡を両手でしっかり固定して、真北の水平線に向けた。しかし、双眼鏡の視野の中には北極星のごく近くの星までは見えるのに、その下は水平線なのか、真っ暗で、北極星の姿はなかった。「今夜は赤道の真上で碇泊といっていたが、さては少し南半球に下ってしまったな」

翌朝、船長室に行って詳しい位置をたずねると、はたして、次の島めぐりの都合上、南緯一度くらいまで南下して碇泊したのだという。かくて私の赤道上での北極星見物の楽しみは次の機会におあずけとなってしまった。

次の日もまたいつもと同じように風もなくからりと晴れあがって、何度見ても見あきないすばらしい軍艦鳥の夕やけ空とあの黄色っぽい対日照の星空が、すっぽりと船をつつみこんだ。連日の疲れが出たのだろう、夕食のあと、つい、うとうととしてしまって、気がつくと時計の針はもう午後十一時をまわってしまっていた。デッキに出ると、小さな電燈ひとつを残して人も波の音もなにもかもすべてが寝静まりかえっていた。大あくびをしながら星空を見あげているうちに、ふと人の気配を感じ、振り返ると、昨夜の老人がまた毛布にくるまって、今夜はいかにも私を待っていたというような顔つきですわっていた。そして気づいた私に、手まねきをしながらいった。

「明日はもうお別れだでな、毎晩つきあってくれたお礼に、あんたに贈り物をしようと思ってな。フォッフォッフォッ……」と例の奇妙な笑い声をあげながら、毛布の中からモゾモゾ何かを取り出すと、私の方へ差し出した。私は裸電球の薄明りの中で、彼の手からヒモでぶらさがっているものを見ると、思わず「わっ」と声をあげて飛びあがってしまった。それは、小さなミカンの大きさくらいに乾《ほ》しかためられた人間の首だったからである。老人は私のその驚きと気味悪がり方を予測していたかのように、奇妙な笑い声を一段と高めて愉快そうに笑った。「そんなもの、とてもおみやげに持っていけないよ。いらんいらん」私がしきりに断わっていると、「ハッハッハッ、そりゃすばらしいもんだ、ぜひ、もらっときなさいよ」というライト君の太い笑い声が後ろでした。振り返ると、いつの間に起きだしてきたのかライト君が立っていて、なんと、その〝乾し首〟を手にとると、「もちろん、これは本物なんかじゃないさ」といいながら、さも物知り顔にその〝乾し首〟作りの解説をはじめた。

〝乾し首〟は、アマゾンの奥地に住むヒーバロー族の風習なのだそうである。彼等は、敵の首を切り取ってしまうと、その頭蓋骨をぐずぐずにくだいて、それを首の切り口から抜き出し、皮だけになった頭へ熱い砂をつめこんではとりだすという作業を、何度もくりかえすうちに、人間の顔が、髪の毛とまつ毛をのこして、あとは、そっくりそのまま縮こまって、ミカンくらいの大きさになってしまうのだという。昔は、これは戦さの立派な勝利のしるしであったが、今はもちろん、エクアドルやペルー政府が禁止させるようにしたので、こんな野蛮なことは行なわれていないそうである。しかしそれでも、サルで作ったニセ物をこっそり高値で売っているのがいるらしいという。「もっとも、このおやじさんのは、ふつうのおみやげ屋で売っている紙で作ったやつだがね」と、ライト君はニヤニヤ笑いながらヒモにぶら下っている〝乾し首〟を私に手わたした。

ヒモの下でゆっくりゆれている〝乾し首〟は紙作りとはいえ、夜目には妙に真実味をおびて、うらめし気な目つきで私を見つめているように思える。〝乾し首〟をぶらさげた私のなさけなさそうな顔つきが、よほどおかしかったのだろう。老人はいたずらっぽく、また「フォッフォッフォッ」と声を立てて笑った。その奇妙な笑い声は、ガラパゴスに住むあのイグアナたちの、あのアシカたちの、そして頭上の星たちの笑い声のようにも聞こえて、いつまでも私の耳に残った。

月の神殿——リマ

「そんなちっぽけな新聞がえらくお気に召したようですね」夕食のあと、ガリ版刷りの豆新聞に夢中になって目をとおしている私を見ながら、サチオさんはちょっとぎこちない日本語でいった。「ええ、なにしろこのリマは日本の真裏でしょ、日本のことなんてここしばらくすっかり忘れていましたからねえ……。五日遅れの記事とはいえ、とにかく日本の文字で新聞読めるなんてうれしいですよ」日系の通信社が発行しているという小さな新聞の記事を目で追いながら、私は話をつづけた。

「でも、変なもんですね。久しぶりに日本の情報に接したっていうのに、政治経済のことなんかより、片すみのほうに書いてあるプロ野球の結果の記事の方が、ずっと親しみがあってうれしく感じるんですからね。とくにほら、巨人がいぜん最下位で、広島が優勝しそうだなんて書いてありますから……」

「へえ、あなた広島のファンなんですか。日本の人、みんな巨人ファンかと思っていたのに、万年最下位のチームを応援してる人がいるなんて、ちょっと意外だなあ」

「冗談いっちゃいけません。僕なんか十年来の広島ファンなんですから……。そういえば、あなたのおじいさん広島県の出身といいましたね。だったら、あなたも広島を応援すべきでしょう」

「だって、日本のプロ野球見たことないんだもの、そりゃ無理というものですよ」

「ま、そういわれてみりゃそうですよね」二人は声をあげて笑った。

サチオさんは、ガリ版刷りの新聞にのったほんの二、三行の日本のプロ野球の記事を読んで、ムキになっている私がおかしく、私は私で、はるか遠い日本のプロ野球の話題に、思わず力んでしまった自分がおかしく感じられたからである。

「さあ、日もとっぷり暮れたようですから、お待ちかねのパチャカマック遺跡の月の神殿に出かけましょうか」といってサチオさんは腰をあげた。「今度は昼間のような気味の悪いものはないでしょうね」と聞き返す私に、「ハハハ、そんなに気味悪かったですか。でもこんどのところは、そんな心配ありませんよ」とサチオさんは愉快そうにいった。サチオさんは、日系の三世で、正しくはサチオ・サエキさんである。インカ文明の研究をしている考古学者で、日本の友人の紹介で訪れた私のために、ここ二、三日インカの遺跡をあれこれ見学に連れて歩いてくれたわけであるが、今日の見学コースだけは、さすがの私にも、感覚の相違のせいかひどく気味の悪いものであった。

第一は、スペインの統治時代の提督だかなんだかのえらい人の家で、今は博物館になっているところを訪ねたときのこと。当時のスペイン人は、現地のインディオの奴隷を人間とはみなさず、ちょっとでもミスがあったり反抗したりすると、たちまち庭さきで鶏をしめ殺すように絞殺してしまい、背骨をぬきとって庭に敷き詰めたという。「それ、あなたの足元の白いのがそうなんですよ」とサチオさんにだしぬけに指さされ、私は驚いて飛びあがってしまった。てっきり小石が敷いてあると思っていたのに、よくよく見ると、それはすべて人間の椎骨ではないか。

第二は、中央寺院にあるフランシスコ・ピサロのミイラである。ピサロといえば、インカ帝国を滅亡に追いやった張本人として悪名高きスペインの征服者であるが、そのピサロの哀れにひからびたミイラが、ガラス箱の中におさめられ、観光客の見世物になっているのである。

「ペルーの征服者として評判悪い人だけど、四百年もたってから観光客の見世物になるなんて、少しかわいそうだなあ……」

「以前は祭壇の下にちゃんと安置してあったんですがね、体制が変わってから、彼は征服者だというのであばかれ、見世物にされてしまったんですよ。ピサロは、リマの街づくりの最初の杭をここに打ったのですが……。暗殺後四百年もたってから、その同じ場

パチャカマックの遺跡は現在も発掘作業が進行中で、一部の建造物が復元されている。この大きな建造物は月の神殿で、遺跡の入口には小さな博物館もある。

所で人目にさらされるはめになったんですから、皮肉なものですよね」

　昼ごろまで低くたれこめていた灰色の雲は、いつのまにか吹きはらわれ、この季節にはめずらしいというほど、晴れ間のひろがった夜空には、十二日目の大きな弓張り月が、冷え冷えとした夜気の中に、皓々《こうこう》たる光を地上に投げかけていた。

「こんな月の明るい夜にやってきたのは初めてだけど、なかなかいいふんい気だねえ」サチオさんも青白い月光に照らし出された月の神殿をながめながら、昼間見なれた様子とは異なった趣きをみせる遺跡のようすに、ちょっとした新発見でもしたような面持ちで眺めている。

「パチャカマックって、いいなれないと、何だか舌をかみそうな名前ですね」

「アハハハ、そうかもしれません。このパチャカマックのパチャは〝天地〟、カマックは〝創造者〟を意味する言葉なんですよ。つまり、この遺跡は、天地創造の神を祀った神殿だったわけです。造られたのは西暦前千年ごろとみられていますから、インカよりよほど古いわけです。そのころ、このあたりには、クイスマンク帝国というのが栄えていて、このパチャカマックはその帝国の南端に位置する宗教都市として大へんなにぎわいをみせていたんですが、やがて、この帝国はインカに亡《ほろ》ぼされてしまうのです。しかし、原住民の信仰の対象であった、このパチャカマック神殿は、インカの太陽と月の神殿と合わせ祀ることで、存続を許され、宗教都市としては、かえって、以前にも増してにぎわうことになります。でも、まあ、結局は、財宝を求めたスペインの侵略者たちによって焼き払われ、多くの他のインカの遺跡と同じような運命をたどってしまうことになるわけですけどね……」

今でこそ風化してしまった土におおわれ、巨大な土盛りのように見える神殿ではあるが、当時、この神殿は、無数の彩色された日乾し煉瓦アドベを高々と積み上げたピラミッドの上に建てられていた。その規模は、現在のゆうに倍はあっただろうという、サチオさんの説明を聞きながら、その面影もない風化した土の上に、昼間の観光客が残して

この神殿は、肥った人物を形どった大酒壺や冠をかぶった鳥を織りこんだ布地などで知られるプレ・インカのチャンカイ文化やリマック川沿いの大建築文化系に属するという。

いった足跡が、月の光の中に、淡く浮かびあがっているのを目にすると、それは、やがて、はるばるこの地を訪れた当時の巡礼者たちの姿と重なって、私を静かな感動の世界へと引きこんでいった。

　私たちは、ゆっくり歩を進めて、やがて、太陽の神殿の丘の上に立った。この遺跡は、海に向かって建てられていたので、遺跡はそこで途切れ、はるか眼下には、太平洋の波が月の光の中でかすかにゆれているように思われた。それ以外のものは、すべて静まりかえり、時の流れさえも、私たちをこの遺跡の中にすっぽりつつみこんだまま静止してしまったかのようであった。私は、その静けさをわざと破るように、月を見あげながら、いかにも素朴な質問をサチオさんにむけてみた。

「インカは太陽を崇拝してたんでしょう。なのにどうしてここにはあんな立派な月の神殿があるんです」サチオさんも静寂の中から呼びもどされたように、いくらかホッとした様子で、月に目をやりながら、さも気持よさそうに、大きく息を吸いこんでから答えた。

「月は太陽の奥さんだからですよ……、もっともそればかりでなく、昔は太陽より月の方が力があると信じられていて、それで月の信仰も結構根強いものがあったのです。なぜかというと、月は太陽がなくても満ち欠けする力をもっているが、太陽は月の力がないと欠けられない……」

「月の方が強い……、すると太陽は恐妻家ってわけですか。ところで、その太陽が月によって欠けるというのは、きっと日食のことなんでしょうね。このあたりでは、相当古くからそういった天文学の知識は発達していたんでしょう」

「インカの文明の場合はとくにそうですね、天文学とは切ってもきれない関係にありましたから……。たとえば、インカ人は非常に正確に一年の長さや太陰月の長さを知っていましたし、金星の会合周期なんかもすでに知っていたようなふしも見うけられます」

「これまでにも天文学が歴史的な事実の裏付けをするというようなことはありましたが、

最近は天文学の分野でも、はっきり天文考古学なんて言葉を耳にするようになってきていますね。天文学者がコンピューターを駆使して考古学的な分野の研究に積極的に進出して、研究に加わるというふうにですね」

「そう、ここらでもそんな例が増えてますよ。ナスカの地上絵なんかの調査に、天文学者がコンピューターを持ち込んできていますしね」

「ああ、ナスカというのは、空からでないとわからないという、平原に描かれたあのバカでかい地上絵のことですね。空飛ぶ円盤の着陸目標じゃないか、なんていう人もあるやつですね」

「そういえば、あなたもナスカの平原に一度行ってみるといい、それもヘリコプターかなんかでね。写真では見たことがあるでしょうが、空から見る実物は、また違った感動を呼びおこしますからね」

「ぜひ一度機会を作って行って見たいと思っています」

「……あの地上絵は、幾何学的な線と、鳥とかクモとかの具体的な姿が描かれているのですが、どうもそれぞれ描かれた時代が違うんじゃないか、という説もありましてね。鳥とかクモの姿を描いたのは、たしかにナスカ土器を作った原住民にちがいないが、幾何学的な線条を描いたのは、それよりはるかに古い正体不明の人々じゃなかったのか、というような……」

「それこそ、はるか昔におとずれた宇宙人が残した痕跡ってわけですか」

「ま、それはともかく、ことほどさように、南米の古代文明にはミステリアスな面が多い、ということです。あなたのような、星に興味をもっている人は、ぜひ方々を訪ね歩いてごらんになるといい。思わぬインスピレーションがひらめいて、大発見なんてこともあるかもしれませんしね、ハハハ」

サチオさんはいかにも楽しそうに笑った。はるかに過ぎ去った古代に想いをよせて、また、夜空を見あげると、つきることを知らない二人の会話に、聞き耳をたてるように、月と木星がならんで輝いていた。

きょしちょう座とナマケモノ座——アマゾン

イキトスは、アマゾンの上流にひらけた小さな商都である。私はいま、街の東はずれにある、昔はさる豪商の館であったというホテルの食堂にいて、茶色に染まったアマゾンの雄大な流れに心を奪われながら、少し早目に夕食が運ばれてくるのを待っていた。そのときふと気がつくと、ガラス窓の向こうに大勢の子どもがむらがって、さかんに私に何か話しかけるようにして、手まねきをしているのが目にとまった。突然背後で「いいかげんにしねえか」と大声で怒鳴る声がした。驚いて振り返ると、食事を運んできたウェイターが、こぶしを振り上げて、子どもらを追い散らす格好をしているところであった。

ウェイターは、私の顔を見るとニッと白い歯を見せて笑いながら「あいつらには困ったもんでして、いつもああやってお客さんに物をねだるんですよ」という。なるほど彼らの手まねの格好から察すると、どうやら私にタバコを持っていないかといっていたらしいことがわかってきた。

案の定、食事をしていると、いつの間にまぎれこんできたのか、年のころ十歳くらいの目のくりくりしたいたずらっぽそうな男の子が、ウェイターの目を警戒するかのような小声で「ねえ、おじさん、タバコおくれよ……」と話しかけてきた。

私はタバコは吸わない。しかし、そのときはちょうど、リマで友人のおみやげ用にと買いもとめたタバコのうちの一箱を持ちあわせていたので、ポケットから取り出して彼の手ににぎらせてやった。彼はうれしそうな顔をすると「ありがとう」といいながら背を丸めテーブルの影づたいに出口に走り寄った。しかし、運悪く例の口やかましいウェイターに見つかってしまった。彼は首すじをつかまれて怒鳴られたあげく、お尻をぴしゃりとやられてしまった。

ウェイターは私のところへ近づいてくると「お客さん困りますよ、やつらタバコねだりの常習者なんでね。これから街に行ってあのタバコ売ってくるんですよ」という。一本一本バラにして売ると結構な小遣い稼ぎになるというのである。

食事をすませると、私は案内してくれるという日本のある商社の高木さんと連れだって、やっと涼しさをとりもどしてきた小さな商店街へと足を向けた。そしてある薄汚れた飲み屋に足をとめ、いいかげん頭のハゲあがったおやじさんに話しかけてみた。

イキトス市内の水上生活者の市場。あまり清潔とはいえないが、とにかく庶民の活気に満ちている。怪魚ピラニアも何種類も売っていて、その歯はカミソリにもなる。

「この町の名産品てなんだろうね」おやじさんは、ちょっぴり皮肉めいた笑みを浮かべながら「街中を歩いていてそんなことに気がつかないんですかい……」といい、さらに続けて「子どもでさあ」といった。そういわれてみると、たしかにおやじさんのいうとおりだ。この街は本当に子どもの姿がよく目につく。街を歩いていると、珍しいせいもあるのだろうが、じつに大勢の子どもたちがぞろぞろと根気よくついてくる。

「アハハハ、ちがいないやね」高木さんと大声で笑っていると、さっきのホテルの食堂にタバコをせびりにきた男の子が私の手をひっぱった。

「なんだお前さんか。商売もうかったかね」とひやかし半分に聞くと、その子はバツが悪そうにテレ笑いしながら、私の目の前に小さな木彫りの動物を差しだした。「おじさんにこれやるよ」という。「おや、それはありがとう」と受け取ると、それはアルマジロの姿を妙に軽い木片に彫りつけたものであった。お世辞にも上手とはいえないような素人っぽい彫りものであった。

それにしてもこの木の軽さが気になる。そこで「この木、ずいぶん軽いんだねえ」と感心してみせると、その男の子は、ちょっと胸を張って「母ちゃんがいってたけど、これバルサといって世界一軽い木なんだって」と答えた。そして、それにつけ加えるように高木さんがいった。「ほら、南米の古代民族が南太平洋の島々に移住したのだという学説を実証しようとした、あのハイエルダールが、コンチキ号といういかだを作って太平洋に乗りだしたことがあったでしょう。あのときのいかだの材料になったのがこの木なんですよ。それに子どものころよく模型飛行機の骨組みにこの木を使った覚えがあるでしょう……」

「ああ、そういえばたしかに」私はあいまいな返事をしながら、木彫りのアルマジロをながめているうちに思いだした動物があって少年に声をかけた。

「ねえ、キミ、ナマケモノもこのあたりに住んでいる動物なんだろう」

途中の道でばったり出会った散歩中のバク君。アマゾンではこんなユーモラスな動物に出くわすこともよくある。

彼が「うん、それなら……」と答えようとしたとき、それをさえぎるようにして、横あいから十七、八歳の大柄な若者が身を乗りだしてきて「ナマケモノなら、うちのおじさんが、ちょっと前に捕まえてきたっていってたから、見たければ案内してもいいぜ」といった。どうやらこの若者がこのあたりの子どもグループのボスらしい。

「ぜひ拝見したいね」というと、彼はちょっと得意気に「こっちについてきな」といって先頭に立った。彼のあとにしたがった私たち二人のそのまた後ろには、五、六人の子分どもがぞろぞろしたがった。

それからジメジメした山道を二十分も歩かされたころであろうか「おい、まだずっと先なのか」と高木さんがまず不平をもらしはじめた。そのときである、ボスの若者は「しっ」と口に手をあててそれをさえぎると、みんなに止まるように命じた。

彼は、茶色に濁った川岸の草むらにそろりそろりとしのび足でおりていくと、しばらくして何やら大きな長いものを手でつかんで戻ってきた。

　私は彼の手に捕まえられて体をよじらせているものを見て「ぎょっ」となってしまった。それはあまり大きいものではなかったが、それでも全長は一メートルはあろうかというワニだったからである。

「ワニってそんな小型のものでも、すごい力もちでどう猛なんだろう。そんなものよくまあ平気で素手で捕まえられるね、大したもんだ」ひどく感心してみせながら、ボスの若者の手の中ですっかりおとなしくなってしまったワニの鎧のような腹を指でつっついてみると、これがまた弾力性があってなかなか奇妙な感触である。そのとき、またあの男の子が私のそばによってきてそっと耳うちした。

素手で捕まえたワニ、捕まえる瞬間は死ぬほど恐いという……。

「ワニを素手で捕まえるなんてバカなことさ。強がりをみせるために、あんなにニコニコしてるけど、本当は死ぬほど恐がってるんだよ。ワニを放すとこ見ててごらん」

　やっぱり本当はそうなんだろうなと思って見まもっていると、ボスの若者はやがて川岸の方に戻り、ワニを両手でしっかり押さえこんだまま頭を水の方に向けると、ころあいを見はからうようなへっぴり腰になり、さっと手を放した。その一瞬、ワニは夢中で体を踊らせて水に飛び込み、若者は必死の形相で草むらをかけのぼってきた。

ワニが姿を消した茶色の水面に、いくつもの輪が静かにひろがるのをながめながら、高木さんと私はそのようすがおかしいといって笑いころげてしまった。しかし、ボスの子分どもは白い歯はみせたものの一様にほっとしたような様子で声を立てて笑うものはひとりもいない。してみると、この〝ワニつかみ〟のゲームは、私たちを喜ばせようとして、かなりの危険を承知でやってくれたのかもしれない。私たち二人は「キミは大した男だ」と少々オーバーなジェスチャーで彼の勇気をほめたたえた。

若者のおじさんの家は、街はずれのジャングルの中にあって、ごく最近捕獲してきたというナマケモノが檻の中の木に、カギ型の爪をたて、逆さまにぶら下がっていた。あたりはもうかなり暗くなっていたのでライトをつけてのご対面ではあったが、私はあこがれの動物との思わぬ出会いにすっかり興奮して、あっちからのぞきこっちからのぞきして、忙しくながめまわした。

しかし、当のナマケモノは一向に気にかける様子もなく、微動だにせず、まさにその名に恥じずといった態《てい》である。少々あきれて、「ニコッとするくらいしてみせてくれたっていいのにね」というと、赤ら顔のその若者のおじさん「それはムリというもんさな。からだにコケが生えてしまうくらい動かないんだから、こいつときたら」と声をたてて笑った。

そのとき私は、思わぬものをナマケモノの檻の上の木に見つけて「これだ、これだ」と叫んで指さした。それは、からだには不釣合と思われるほどのオレンジ色の巨大な口ばしをもった黒い鳥であった。

私の大声にびっくりした高木さんは「これは、このあたりのジャングルの中に棲んでいる〝おおはし〟という鳥ですよ。口ばしがごらんのとおりバカでかいので、格好はあまりよくないけど、なんとなく愛敬があってしかも色がきれいでしょう。でも、それがどうかしましたか……」と聞く。私はしげしげとその鳥をながめながら「たぶん、こいつだと思うんですけどね。南の空に〝きょしちょう座〟という星座があるんです。漢字では巨嘴鳥座と書く。つまり巨大な口ばしをもった鳥ってわけです。その星座絵がこれにそっくりなんですよ」と答える。そして、「こんど自分の星座絵を描こうと思ってますのでね、これはよく見ておかなくちゃ……」といいながらそのりんかくを指でなぞる真似をした。

「へえ、星座になっているのはギリシャ神話の登場人物ばっかりと思っていたのに、こんな南米産の鳥も星座になっているんですか」高木さんはいかにも初耳だったという表情で言葉をつづけた。

「じゃ、ナマケモノ座ってありませんか」

「それは残念ながらね……。南天の星座作りを競いあったのは、十五世紀以後の大航海時代のヨーロッパの連中でしょう。航海家たちがもたらす珍しい動物はどんどん星座にあげられましたけど、ナマケモノのような奥地の珍獣はさすがに当時は伝えられなかったでしょうからね……。もし彼らが知ってたらさっそく天の南極あたりの星座にはしてもらってたかもしれませんよ、動かない星座ってことでね」

話しながら再びナマケモノをのぞきこむと、さきほどと少しもかわらない姿勢で、あの奇妙な爪をたてて木にぶら下がったままである。ナマケモノのなまけものぶりのあまりの見ごとさに感心しながら「フー」と大きなタメ息をついて夜空を見あげると、北の空低く、木の葉がくれに、こぐま座のβ星コカブが珍しく輝いているのが目にとまった。

逆さま星図——チリ

南米チリの首都サンチアゴは、大きな一枚ものの世界地図でみると、太平洋に接した港町のように思えるけれども、実際には海岸から百キロも入った内陸の平原にある大都会である。市の北の方にあるサンクリストバルの丘にたたずんであたりを見わたすと、すぐ東に深々と雪をいただいた標高四千メートル級のアンデスの峰々が、青い空をさえぎる白い壁のようにつらなり、日本でいえばちょうど上高地風のさわやかなふんい気をもつ街である。だからビルの建ちならぶ街中を散歩していても、大気はどことなく高山のにおいを漂わせ、ひんやりとして心地よく、思いきり深く吸い込んでみるとじつにうまいのである。人口三百万という大都会のど真ん中にいながら空気のうまさというのが感じられるのだから、東京や大阪型の都市を知っている私にとってはちょっとした驚きであった。

もっとも、自然のすばらしい環境とは裏腹に、CIAがからんだと噂される先年の軍部クーデターのおりに破壊された旧大統領官邸や配備された軍服姿を目にすると、この都市全体に、まだ漂う政治的なきなくささが清々しい空気の中に微妙ににおってこないでもなく、日本的安定政治ムードにすっかりならされてしまっている私には、いささか気にならないでもなかった。もちろん、そこに暮らす陽気な人々の生活ぶりに接していると、そんなかげりの部分のことはすぐに忘れさせられてしまったが……。

その日、私は街の中央にある青空市場に出かけて行った。星空と青空市場には別に何の関係があるわけでもないが、世界中どこの街へ行ってもそうであるように、青空市場にはその国の庶民の生き生きしたありのままの生活が息づいていてじつに楽しいし、私自身、妙にごちゃごちゃした市場のあの独特のふんい気がひどく好きなせいでもある。だからその日もいつものように、掘り出し物でもないかと思いながら、人々の群れに混じって、あちこちの露店をひやかしながら歩いていたわけである。そのうち、ふと小さな古本屋の店頭にじつに意外なものを見つけて足を止めた。それは店の本棚の下に無造作に敷いてある一枚の大きな星図であった。星図というのは、地上の地図のように、星の位置を書きしるした星空の地図のようなものである。

「おじさん、その本の下に敷いてある紙が欲しいんだけど、それいくら?」

私の奇妙な買い物に、口ひげをたくわえた五十がらみのぎょろ目のおっさんは真意を

大にぎわいの青空市場。山と海に恵まれているだけにチリでは食事が大きな楽しみ。市場は買い出しの人であふれている。昼食にはなんと3時間もかける。

解しかねたらしく、大きな目をいちだんと見開いて、「なんだって、本じゃなしにこの紙の方だって」と、その星図を指さしてさも不思議そうに首をひねってみせた。

「そう、その紙さ」

私もまたなんでもないような風をよそおって答えた。こんなとき、何がなんでも欲しそうなそぶりを見せようものなら、何の価値がないものでも相手は値段をふっかけてくるにきまっているから、用心しなければならないわけである。

おっさんは大急ぎで本を別の棚に移しかえると、その紙をとりあげ、あちこちのしわをのばすようなしぐさをしてから、両手でその星図をひろげて見せた。それは私がにらんだとおりの珍品であった。というのは星図の南北が逆さまに描かれていたからである。この逆さまということは、つまり、ふつうの地図でいえば南極大陸が上で北極が下になっていることであり、北アメリカや日本が逆さまに描かれているのと同じことなのである。

北半球で文明が育ったせいなのかどうかは知らないが、地図でも星図でもなぜか北半球を上にして描くのが当り前のようになっており、南北が逆さまになったものなどこれまでに見たこともなかった。

しかし、考えてみれば、たしかにこのサンチアゴは南半球の中緯度にあり、日本とは足の裏を向けあって逆立ちしているような格好になっているわけだから、ここの夜空にかかる北半球の星座は全部逆さまにひっくり返って見え、したがって星座の星々を示した星図も、北半球のものをひっくり返したように描いてある方が使いよいのは当り前だ。

ところが、南半球には星図といったような特殊な出版物を出すほどの出版社はどこの国にも見あたらないし、実際にも〝北半球出〟の北が上向きの星図をひっくり返して使ったところで、星座の名前が逆さまになって多少読みにくいことぐらいで事はすみ、わざわざ手間ひまかけて南が上になった星図なんか作る必要はないといってしまえばそれまでのことである。ところがうれしいことには、ここにその南半球用のいわゆる〝ひっくり返った星図〟があったのである。

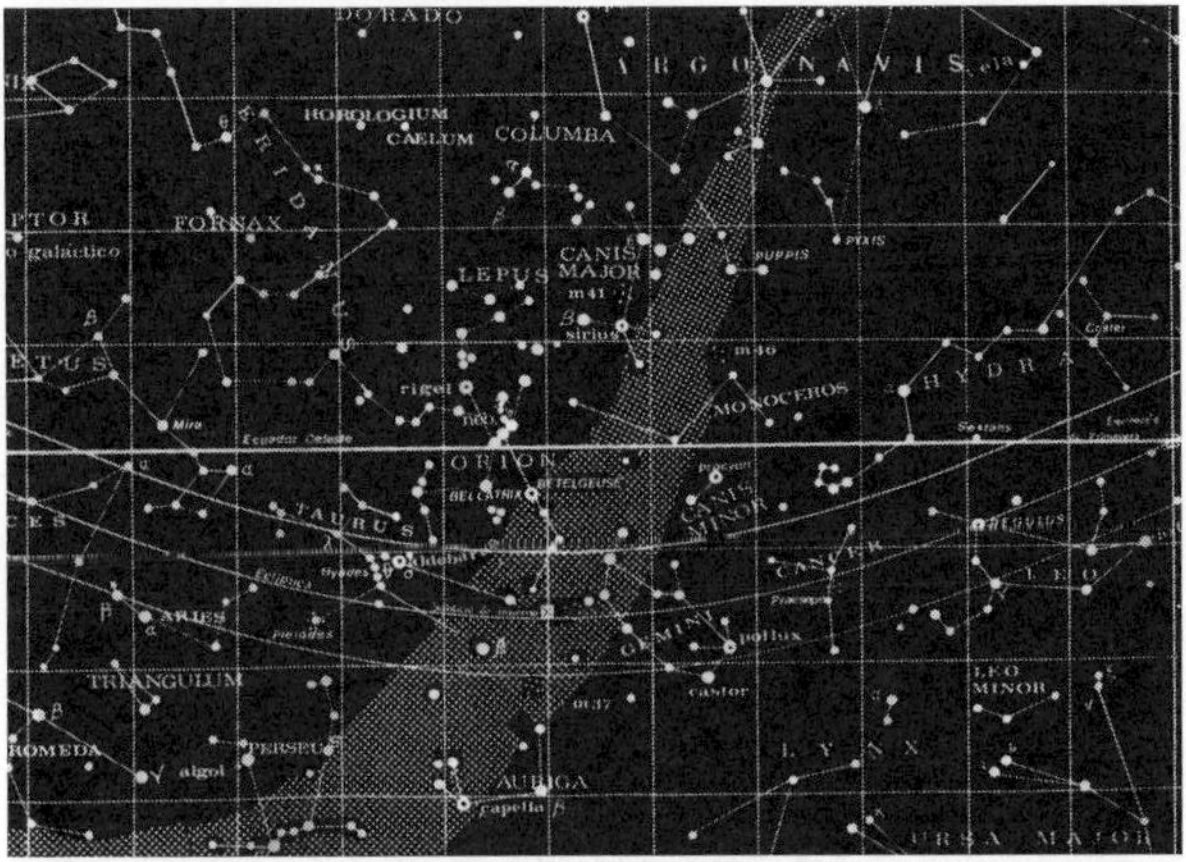

南天星図。星座の形がわかりやすいようにオリオン座付近をアップしてあるが、逆さまに描かれていることに注目してほしい。星図の大きさは53cm × 76cmの一枚もの。

私は、日本の星マニアがこれを見ればどんなに驚いて欲しがることかと、仲間の顔を思い浮かべながら、ごく平静をよそおって「いくらか」と値段をたずねてみた。

おっさんはなぜこんなわけのわからんものを、というような顔つきで紙の隅の方を見ながら、「三万エスクードと書いてあるが……」と自信なさそうに答えた。三万といえばえらく高価なように聞こえるが、この国もどこやらの国に似て猛烈なインフレ下にあり、日本円になおすと、せいぜい数百円といったところである。

「じゃ、同じものを十枚ばかり欲しいんだが……」といったところで、

チリ中部の標高520mの高地にひろがるサンチアゴの街とその背後にそびえるアンデスの山なみ。シーズンになると花が咲き乱れ花園のように美しい。

おっさんのわけのわからなさは頂点に達したらしい。

「お、おまえさん、ちょっと待ってとってくれ」というなり店を飛び出すと、大通りの向こうにある大きなストアー目ざして走りだした。しばらくすると大きなジェスチャーで話しながらひとりの立派な紳士と連れだって店から出てきた。

「この人ですよ、こんなもの十枚もくれっていうんです」とおっさんがあきれ顔でいうと、その紳士は片言ながらはっきりした日本語で「失礼ですが、日本の方とお見受けしますが……」と私に話しかけてきた。

突然、日本語で話しかけられて、

私も思わず日本語で、自分が天文ファンであること、この星図がどんなに珍しいものであるか、したがって是非とも日本へ持って帰りたいことなどを、ゆっくりしかも一気にしゃべってしまった。その紳士はいちいち私の話にうれしそうにあいづちを打っていたが、話が終わったところでいきなり私の両手をにぎりしめると、

「ありがとう、じつはその星図、私たちの星のグループで作ったのです」といったものだから、こんどは私の方が驚いてしまった。そこでよくよく話を聞いてみると、なんとこの人はフェルナンデスさんといって大きなスーパーを経営する社長さんで、日本にもしばらくいたことのある親日家だというのである。そして、またひどく星を見ることにもこっていて、〝売れるみこみなんてありゃしません〟のに自分たちのグループでトレースして南北の逆さまになった星図を出したのだという。

どうりで、星の円も星座を結ぶ線も曲線も太くなったり細くなったり途切れたり、いかにも素人っぽかったわけだと私は納得した。彼は、今晩ぜひ家に来て望遠鏡をのぞいていかないかと熱心にさそってくれたが、残念ながらその夜は友人との約束があったので、明日の午後、サンチアゴを出発する前に、あなたの事務所ならホテルからも近いし、ちょっとの間だけ訪問できるかもしれないというと、彼は、楽しみに待っていると答えた。

その夜、友人と別れてホテルに戻ったのは午後十時ごろのことになってしまった。空

を見あげると街の真ん中なのに星が結構よく見えるので、私はさっそく例の星図を持ち出し、前の公園のベンチに陣取って広げると星空と見くらべてみた。

ビルが高すぎるので、星空は真上の部分が四角にあいているだけであったが、星図の使い試しをしてみることはできるくらいにはひろがっていたので、まず北の空にひっくり返っているわし座に見当をつけ、ひとつひとつの星と星図の星とを指さしながら見くらべてみた。なるほどたしかに星の記号がまともにこちら向きになっているので、これまでのように星図をひっくり返しながら星の名をたしかめるというよりははるかに楽であった。しかし、わし座の絵姿のイメージがどうにもわいてこないのである。それで、そのひっくり返った星図をまたひっくり返してみると、「あっ、なるほど、この星をこう見てわし座の姿になるのだったか」と納得できた。けれども、その星図をまともな向きに戻すと、またわし座の姿は消えてしまい、結局星図をひっくり返したり、元にもどしてみたりしながら星空をながめることになってしまった。

わし座がもともと形のわかりにくい星座であったせいもあるが、翌日、彼の事務所に立ち寄ってこのことを話すと「それはあなたがまだ、南半球の星空に慣れていないからでしょう」といってフェルナンデスさんは愉快そうに笑った。そして、「それよりどうです。これ私が日本製のカメラと望遠鏡で撮った星の写真ですよ」といいながら自慢そうに六、七枚の天体写真を机の上にならべた。その写真のうち、月や土星を撮ったものは見事にブレていて、日本の天文雑誌に投稿しても、とても入選しそうもないできであったが、カメラを固定したままで写した星座写真だけは、さすがに空気の透明度がよいせいかよく写っていた。

　私はその出来ばえに素直に感心してみせながら「この四日間ずっとすばらしい快晴続きですが、雨の日は月にどれくらいのわりあいになるのですか」とたずねてみた。彼は大きく目を見開くと「雨なんてとんでもない。これからの半年間はずっとこの調子ですよ」といい、さらに言葉をつづけて「あなたもよくご存知のとおり、最近はチリ北部のラシラやセロトロロに世界的な大望遠鏡をもった天文台がぞくぞく集まってきているでしょう。あのあたりでは、もう十五年間も一滴の雨も降っていないところがあるのですよ。だからその付近に住む子どもたちの中には空から水が落ちてくるなんて信じない子がいるくらいですよ」とさも得意気にウィンクしてみせた。私はそれはちょっとオーバーだと思ったが、チリ北部がいかに天体観測にとって恵まれた地域であるかということは彼の話からもよくわかるような気がした。そして、チリ革命の合言葉となった〝サンチアゴに雨が降る〟という名文句が、この街にふさわしい特別な意味あいを持っている言葉なのだなということがあらためてわかったような気がした。

観光急ブレーキ車と野口英世——グアヤキル

派手な色彩の洋服にまざって、どこかインディオふうのにおいをただよわせた民族衣装が展示してある。この街にしてはめずらしくしゃれた感じの洋装店を見つけて、私はショーウインドウの中をのぞいていた。そのうち、店の暗がりの中から私の方をじっと見つめているような視線を感じて、ふとその方に目をやると、大きな目をした四十がらみの浅黒い顔をした男が椅子にすわって私のほうを見ていた。男は私と視線が合うと、ニッと白い歯を見せて笑った。

ここグアヤキルの街は、日本でいえば大阪のような性格を持ったエクアドルの商都である。もちろん人口は十万にも満たない街だから、日本的な感覚でいうとごくふつうの小さな都市といった程度でしかないが、エクアドルとしては珍しく人と車がせまい街並みにごちゃごちゃひしめきあって、ちょっと香港ふうの活気に満ちている。

そんな街中の店のショーウインドウのガラス越しに、この店のムードとは少々かけはなれた、人相風体のあんまりかんばしからぬ男にニッと笑いかけられたのだからあまりいい感じはしない。

男はやがて椅子から立ち上がると、ガラス戸を押して出てきて「あんた大阪の人かね」とさもなつかしげに声をかけてきた。大阪という思わぬ言葉に私は内心びっくりしながら、どうせまたおみやげ品でも売りつける気だろうと、返事もせずに無愛想な顔をしていると、その男は私の警戒心を少しも気にとめるでもなく言葉をつづけた。

「日本の人なんて、なつかしいね……。いえね、私しゃ船で大阪へ行ったことがあるもんだから、日本の人に会うとなんだかうれしくて……。ほら、万国博があったあの年ですよ。もう何年も前のことになっちゃったけどね」

大阪にくわえて万国博という、ここらあたりの人では知らないような言葉を聞いて、いくらか安心した私は、その人物に興味を覚え、いくつか質問をしてみた。それによると、この男は、やはりこの店には関係なく、奥さんにたのまれて買い物にやってきた客だという。そして、今は街頭のアイスクリーム売りをしているが、元は貿易船の船乗りで、日本にもたった一度バナナを運んで行ったことがあるのだという。「このところどこも不景気でね、目下船乗りも失業中で、それでアイスクリーム売りをしている」のだそうである。

「……であんた、こんなところに何しにきたの。バナナの買い付けにでもきたのかね」と、こんどはアイスクリーム屋のおじさんが聞きかえす。「エクアドルという赤道国に、赤道直下の星をながめに来たのさ」といいかけてやめた。そんなことをいってもとても理解してもらえそうにもなかったからである。そこで「観光だ」とごくあいまいに答えると、彼はそれでなくても大きい目をむいて、「えっ、観光だって」とさも意外そうに声をあげた。そして気の毒そうに「それで、何か見るものがあったかね」と聞く。「いや、西も東もさっぱりわからんのでね、こうやって街をぶらぶら歩いているんだ……」「そりゃそうだろうな、この街には見物しておもしろいものなんて何もないからなあ、でも、まあどうだろうね。よかったら私の車で街中をドライブしてみないかね」そういって、彼は道路わきに止めてあった車を指さした。

車でドライブといえば聞こえはよいが、彼の車はライトバンで、横っ腹にはところどころはげ落ちたペンキで、アイスクリームをなめている大きなペンギンの絵がかいてあった。

「あれが、あんたの店なのかい」

「そうだ。窓ガラスがないから走っていても風があたって、とても快適な乗り心地だよ」と平気な顔でいう。

タクシーに乗って街を走りあるくよりは、このオヤジさんとつきあった方がおもしろ

グアヤキルはエクアドルの商都。きょうも港から河をさかのぼって内陸に向かう商船が行きかう。グアヤキルでよかったもの、夜景と星空とぶどう酒の味。

そうだと単純に考えた私は、「じゃ、好意にあまえて」とその車に乗りこんだ。

ところが、この車がなかなかのクセもので、方々がさびていてドアはいまにもはずれ落ちそうだし、バタバタとバイクのようなけたたましい音をたて、後方には、もうもうと煙を残すという廃車寸前のしろものである。

そんな車で、「これ中古品で買ったんだけど、さすが日本製で性能はバッチリさ」といいながら、人ごみの中をビュンビュンとばすものだから、私としては気が気でなく、街の風景を楽しむどころではない。そして、さらに悪いことには、このオヤジさん急ブレーキが大好きなのである。人がいようが、赤信号だろうが、直前までフルスピードで走っていってキーッと止まるものだから、私は思わず目をつむってしまうというあんばいなのである。

なるほど、この街には見るものはなにもないらしかった。オヤジさんの説明してくれるものは全部街の通りの名だけだったからである。「ここが○○通り、ここが××通り……」そのたびに急ブレーキをかけ、通りの名前を書いたポールの前に止まるものだから、私はいささかうんざりした。そしてこの〝観光急ブレーキ車〟から早く降りなければ、と口実をあれこれ考えた。そんなとき、ふと思い出したのが野口英世のことであった。私の今住んでいる福島県郡山市の近くの猪苗代湖畔には、野口英世の記念館があって、たしかそこを見学したとき、野口英世が、このエクアドルはグアヤキルの街にやってきて研究生活を送り、その業績を記念して、この街に野口通りという立派な町があると説明書で読んだのを思い出したのだ。

「野口通りってどこにあるの」とオヤジさんに聞くと、「ノグチ通り……」としばらく考え、「あっ、あるある。あれたしかなにか日本人の名前だっけ、そうだあそこへ行ってみなくちゃ」と、再び急ブレーキの連続である。

キキキーッとひときわみごとなブレーキのきしむ音をたてて車が止まると、みすぼらしい建物の標示板に「NOGUCHI　AV」と書いてあるのが目にとまった。その通りは緑色の安っぽいペンキを塗りたくった粗末な家並みがつづいているだけの、妙にひっそりした裏町のようであった。その妙にひっそりした「野口通り」に立って、私は野口記念館に書いてあった野口通りについての少しばかり大げさな説明文を思いうかべながら、郷土の偉人とたたえられる人の実像に思いをはせていた。

野口英世がアメリカからこのエクアドルに渡ってきて、わずか二か月後に当時の医学界の世界的な課題とされていた黄熱病の病原体を発見したと、はなばなしく発表したのは、今からおよそ六十年前のことであった。しかし、のちに黄熱病の病原体がそれとは別のウィルスであることが他の学者によって明らかにされるなど、彼の業績にはいつも疑問がつきまとったという。

「派手好きで、宣伝好きで、地道な研究よりも新聞記者を前にしてその成果を誇示するタイプといわれた人のことだ、黄熱病の病原体発見の発表のしかたなどいかにも彼らしい勇み足といえるものじゃないのかな。いや、そういう彼だからこそ、結局は何かに追いつめられて、あんなはなばなしい大芝居を打ったのかもしれないな……」

私のそばには、いつの間にか四、五人の女の子が寄ってきて、ペンギンの絵を指でなぞりながら、さも不思議そうに私の顔に見入っていた。

そして、夕やみのせまった野口通りの空には、まださえぬ白っぽい輝きで宵の明星がたったひとつぽつんと輝いていた。野口英世さんもこの地にきてこの星をながめたのであろうか。

——ところで、ごく最近、あの野口通りとエクアドルの首都キト市に、生誕百年を記念して野口博士の胸像が贈られたということを新聞記事で読んだ。私が訪れたころの野口通りより、今はきっともっと立派な通りに見えるようになったことであろう。

川の中の天の川——アマゾン

　ペルーのリマから三日に一度という小さなジェット機に乗り換え、高さ五千メートルもある白銀の大山塊アンデスを飛び越えて、アマゾンの奥地に向かったのは、昨年の八月のことだった。「わっ、すごい雲海。これじゃ、さすがの晴れ男も、手も足も出ないやね……」アマゾンの密林地帯をどこまでも厚くおおった雲海をながめて、そのスケールの大きさに、私は、いささかたじたじとなってしまった。実際、現地のガイドのモレ少年に連れられ、茶色に濁ったアマゾン河の巨大な流れの中を、モーターボートで二時間もさかのぼって上流のインディオの部落に行く途中も「アマゾンはなんとまあ……」と、ただただ驚きっぱなしであった。

　たとえば、河口から三千七百キロも上流だというのに、川幅はゆうに二〜三キロはあるし、「向こうからやってくるのは、なんとまあ軍艦じゃないか」といったあんばいである。そして、今夜のごちそうだといって積みこまれた〝みなみのうお座〟そっくりなピラルクーという魚は、私より大きな図体をしていて、「これが川魚か」といいたくなるほどであった。

私が訪ねたのは、アマゾンの本流からはずれて、さらに一時間ばかり支流をさかのぼったジャングルの奥地にあるインディオ部落の民宿である。もちろん、民宿とはいっても、これくらい奥地まで入りこんできてしまうと、お金などはまったく通用しないし、たとえ、お金をあげてみたところで、メダルくらいの意味にしかとらないから、お礼はすべて物々交換である。その物々交換の品物も、何をしてもらう場合でも、男たちは、だいたいタバコ一本、女の人たちはひどく派手な色合いのネッカチーフ、子どもたちはガムやチョコレートでことがすんだから、私としては、たいへん安上がりで大助かりであった。

部落の人々は、私の見るところ、一日中ほとんど働くというようなことはせず、ただ、おしゃべりをしてぶらぶらすごしているだけのようであった。もちろん、なかには、ちゃんと衣服を着て、奥地の畑からバナナを運び出してくる働き者も何人かいないわけではなかったが、いったいになまけもので、日がな一日、ひまをもてあまして暮らしているといったタイプの方が多いように見うけられた。もっとも、彼らにしてみれば、ひまをもてあましているなどという気は、さらさらないのかもしれないが……。だから、私のように望遠鏡を持ったおかしな旅人が立ち寄ったとなると、もうそれだけで彼らのひまつぶしのかっこうの対象となってしまうのもむりはない。

望遠鏡を組み立てる私を遠まきにして、何やらぶつぶついい合っているので、モレ少年に「何をいっているんだい」とたずねてみた。「彼らはこの筒を何か新式の〝吹き矢〟とでも思っているようですよ」という。なるほど、そういわれてみれば、男たちは一様に細長い吹き矢の筒を小わきにかかえて、じっと私の手もとに見入っている。

「いっそ、何かをのぞかせてやったらどうです。きっと驚きますよ」モレ少年は愉快そうにいいながら、あたりを見わたし、「あっ、あの木にクモがいる。あれがいいでしょう」といって三十メートルくらい離れたところに立っている大木の根もとを指さした。

私は、ずいぶん遠くにいるクモの姿がわかるものだと、彼の目の鋭さに感心しながら、そちらに望遠鏡の筒先を向け、接眼部をいっぱいに繰り出してピントを合わせてみた。なるほど、望遠鏡の視野の中には、なにやら茶色の毛むくじゃらなクモが大写しになってうごめいているのがわかる。

そこで急いで、ここからのぞいて見るようにと、村人たちにすすめてみた。ひとりの若者がおそるおそるのぞいたのをきっかけに、あとは、われ先にと奪い合うようにしてのぞき合っていたが、そのうちの大部分の連中は、望遠鏡の視野の中に何が見えているのかさっぱり理解できないようであった。それもそのはずであった。なにしろ、天体望遠鏡で見る地上の景色は、逆さまになって見えるからである。

　私は、村人たちがひととおりのぞき終わったあとで、もう一度、そのクモをのぞいてみた。クモは少し動いていたが、まだその近くでごそごそすることがあるらしく、視野の中から逃げ去ってはいなかった。そのうち私は妙なことに気がついた。いま見せている倍率は二十倍そこそこという低倍率である。だのに、視野の中にうごめいているクモは、視野いっぱいに見えている。ということは、このクモの現物は、よほど巨大なものでなければならないということになる。私は背すじが寒くなるのをおぼえ、望遠鏡から目を離してみた。すると、驚いたことに、木の根っこでうごめいているクモの姿は、望遠鏡を使わなくてもちゃんと見えるではないか。しかも、その大きさときたら、ゆうに二十センチはあろうかという巨大さである。私が目を丸くしているのに気づいた村人のひとりが、そのクモを棒の先にのせるようにつかまえてきて、私の前においた。恐ろしくなって、あとずさりしながら「毒グモじゃないの、このクモ……」と驚きの声をあげると、モレ少年が「これはイーテング・バード・タランチュラという名のクモですよ。クモといったって、彼が餌にするのは小鳥や虫などですけどね」と解説しながら、さらに、「さわらない方がいいですよ。こいつの毛がつくと気分が悪くなりますからね」とつけ加えた。

「え、タランチュラだって」私はまた驚いた。かの有名な大マゼラン雲の中に、クモの姿にそっくりな形をしたタランチュラという名の、巨大なガス星雲があるからである。さては、あの星雲の名は、このクモの名をとったものであったかと、意外な出会いに、さきほどの恐怖心はどこへやら、急に親近感をおぼえて、近よってしげしげとその姿に見入った。

タランチュラ騒動が一段落すると、こんどは自分たちの番だといって、二メートルもある細長い吹き矢の筒を私に無理矢理持たせると、村人の手本どおり、十メートルばかり離れた木に向かって吹いてみろという。私は、おもちゃの吹き矢だって吹いたことがないから、そんな無理をいわれても……と思いながら、すすめられるまま、プッと吹いてみた。すると、そのとたん、村人たちはワッと歓声をあげて踊りあがり、いや、実に上手なもんだという仕草をしながら、「タバコ、タバコ」と口へ二本指をあて、タバコを吸うかっこうをしながら私の方へ寄ってきた。私は、わけがわからないまま、彼らにタバコを一本ずつわけあたえていると、

いつ飛び出したのかわからないうちに吹き矢は目標物に当ってゆれていた。

モレ少年が「ほら、あの木の真ん中を見てごらんなさい」という。なるほど、幅七、八センチくらいの木のど真ん中に、私がいま吹いたばかりの矢がみごとにつきささってゆれているところであった。

私は、うまく当ったものだ、と、まんざらでもない気分になっていると、また村人が吹き矢をつめた筒を私に手渡して、もう一度やってみろ、という。それでつい調子にのってもう一度プッと吹いてみると、二度目の矢も、また、木のど真ん中にささってゆれている。村人たちは前と同じように歓声をあげながら「タバコ、タバコ」といって手を差し出してくる。

この吹き矢は、吹いた瞬間にも、木に当った瞬間にも、まったく手ごたえというものがないので、いつ矢が飛びだしていって当ったのか、見当もつかない。そのあと三度、四度と吹くたびに、やっぱりど真ん中に当り、まさに百発百中である。たしかに私は、望遠鏡のファインダーで、目に見えない暗い天体を、一発で見つけだすことにはなれている。しかし、この吹き矢の命中率だけは、どう考えてもあまりにも高すぎる。これはきっと、どこか横の方で、別の村人が吹き矢を放っているのかもしれない、という気がしてきた。そばで、モレ少年がニヤニヤ笑っているところを見ると、あるいはそうなのかもしれないとも思った。そこでタバコも品切れになってきたことだし、あまり深くは詮索しないことにして、吹き矢はやめにした。

モレ少年は、この吹き矢について、「五十メートルくらいは楽に飛び、音がしないので、同じ木にいる五、六匹のサルに気づかれないで、つぎつぎと撃ち落すことができるのですよ」といった。そこへ、女の子がコーヒーをカップに入れてもってきてくれた。吹き矢で汗をかいていたときだけに、これはありがたいと思って飲みほそうとしたら、モレ君が、ちょっと待って、と、静止するようなしぐさをして、「水がすんでから飲んだ方がいいですよ」という。はて、と思って、よく見ると、それは、ミルクの入ったコーヒーではなく、アマゾンのあの茶色に濁った泥水をくんできてわかしたものだった。私は捨てるわけにもいかず、しばらく手に持ったまま、泥水がすむのを見はからって、その表面の水だけを、吸うようにして飲んだ。泥水のにおいがプーンと鼻をついた。モレ君は「沸かしてあるから大丈夫ですよ」と笑いながらいった。

村の少年たちも望遠鏡をのぞき見たあとでは、すっかり私にうちとけてくれて、好意を示してくれたが、彼らのやることも、大人の村人と似たりよったりの調子っぱずれで、あきれることが多かった。

私が「ピラニア、ピラニア」とあまり口にするものだから、ジャングルの中の沼に、ピラニア釣りに連れて行ってくれたときなどは、こうだった。

「ピラニアを釣るためには、まず餌になる魚を釣らなきゃね」といって釣糸をたれたが、針には餌などついていないのである。餌になるべき魚が釣れないとなると、こんどは、

こんな巨木の生い茂るジャングルの中で見あげる星空なんてあるはずもなかったが、夜になると“ホタル”星たちが無数に光って別の宇宙を見せてくれた。

空に向かって槍を投げはじめた。落ちてきた槍が「あわよくばピラニアに突き刺さるかもよ」というわけである。もちろん収穫はゼロであった。

ジャングルの中は、ムシムシ、ジメジメと高温多湿なうえに、蚊はいる、毒虫はいるで、お世辞にも居心地のよいところとはいえなかったが、私にとって何よりもぐあいが悪かったのは、ジャングルにはぜんぜん空がないということであった。密生した巨大な木々の枝は、太陽の光さえ差し込むことを拒むように、びっしり空をおおっていたからである。「ジャングルの夜空にはさぞかし美しい星々が輝くのでは……」と期待していた私にとって、これは大きな目算はずれであった。

さすがの私も、星を見ることをあきらめざるをえないのか、と思ったが、それでも例の大魚の夕食（意外にうまかった）のあと、念のため、と小屋からそっと首を出して空をのぞいてみた。すると驚いたことに、星などぜんぜん見えないとばかり思っていたのに、真暗な夜空には、一面の星が輝いているではないか。「やや、これはいったいどうしたことだ」息をこらしてよくよく観察すると、それは本当の星空ではなく、ホタルのように発光する虫（といってもお尻ではなく目玉が）が木々の枝にとまって、無数に輝いている光景だったのである。それは、まるで天然のプラネタリウムのように、あるいは見知らぬ宇宙の星空を見ているような美しいながめであった。「そうか、これがインディオたちの星空なのか」などと考えながら、しばらくの間、〝虫の星〟を結んで勝手に星座を作ったりして楽しんでみたが、もし、本当の星の光が木々の間からもれて、この中にまぎれこんでいたとしても、見わけがつかないだろうな、と思うほど、それは星によく似た光であった。

次の晩、部落の少年たちがやってきて「ワニ狩りに行こうよ」とさそってくれた。小さなカヌーに乗って、松明を照らしながら、静かに静かに川を下ってゆくと、川岸のあちこちにメキシコオパールのような赤いつぶが二つずつならんで、ピカリピカリと光っているのが見える。ワニが目だけを出してこちらをうかがっているのだという。だんだん恐ろしくなってきて、この川の中に落ちたらどうなるかと聞いてみた。「そうだねェ、ワニとピラニアと電気ナマズ、無気味なヤツらがいっぱいいるからね……。運よく岸にたどりついたって恐ろしい昆虫類がいっぱいいるし、まあ、五分と生きていられないだろうさ」といいながら、それでなくても安定の悪いカヌーをユサユサゆすってみせる。「おい、よせよせ」といいながら、ふと空を見あげると、いつの間に晴れ間がひろがったのだろうか、川のように細長くのびた星空が目にとまった。「そうかそうだったのか、アマゾンで星が見えるのは川の中だったのか……」いくらアマゾンだって、川の中にまでは木がはえていないから、川の幅だけずっと細長く視界がひらけているわけだ。

ほとんど頭の真上あたりには、いて座からさそり座の濃い銀河が横たわり、アマゾン河と同じ方向に流れ下っている。湿気をおびた空気のせいなのだろうか。星たちのうるんだような光が、じつにやさしげに明滅している。底しれぬ恐ろしいジャングルの夜の世界で、これほど星の光が安らぎを与えてくれるものだとは思ってもみないことであった。ゆらゆらゆれるカヌーの中で、あおむけに寝ころんで、星空をあおいでいるうちに、私は今、自分がアマゾンの川の中にいるのか、天の川の中にいるのかわからなくなってしまっていた。

太古の怪鳥？　コンコルド——カナリア諸島

「この島があのかわいらしいカナリアの原産地だなんて本当なのかね」

私は念を押すような口調でカルロス君に聞きかえした。

「何度同じことを聞くんだい。カナリア諸島って名前からしたって、もうそれくらいのこと納得してくれたっていいだろう。なんなら百科事典ででも調べてごらんよ」

カルロス君は食事の準備をしながら、めんどくさそうに答えた。そういわれても、あの愛らしい小鳥カナリアと、この恐ろしく異様な光景をした火山島のイメージをどうしても結びつけることができず、私は目の前にそびえるテイデ山の富士山によく似た頂を見あげていた。

私がカルロス君と出会ったのは、島の北はずれにあるサンタクルスの町の中であった。サンタクルスは、こんな小さな島にしては不釣合なほど立派な港町で、日本漁船もけっこう出入りしているらしく、それらしい船影がいくつも停泊していた。この港町で私が何よりも驚いたのは、ソニーとかキヤノンといった日本製品の大きな看板が街角に出ていることであった。

「地球の裏側のこんな小さな島にまで看板をかかげるなんて、日本の企業もよくやるよ」感心しながらながめていると、近くにたむろしていた数人の若者の中から、ひとりの気のよさそうな青年がぬけだしてきて私に声をかけた。どうせまた「空手を教えてくれ」とでもいうのだろうと知らん顔をしていると、「あんた、ゆうべホテルの前のあき地で望遠鏡見てたろう、今夜もまた見るかい」とこれはまた意外なことをいう。あっけにとられていると、「オレ、星を見るのがなんとなく好きでね、だけどまだ望遠鏡でのぞいたことないんだ。日本の優秀な望遠鏡でぜひ一度土星を見せてくれないか」

こんなところで星好きな若者に会えるなんて思ってもみないことだったから、私もついうれしくなって「ああいいとも、今晩ホテルの前においでよ」と気のいい返事をしてしまった。

その夜、私の小さな望遠鏡はカルロス君に占領されることになってしまったが、彼がご所望の土星は「真夜中近くならないといい位置に昇ってこないよ」というと、感心なことにそれまでがんばるから他の星も見せてくれという。もっとも、彼の星の知識はごく初歩的なものでしかなかったので、いちいち見ばえのする天体を視野の中に導いては見せてやらなければならないので、真夜中までねばられては私の方が大変だという気がしないでもなかった。

だんだん使い慣れてくると、カルロス君もこの日本製の小さな望遠鏡の高性能ぶりに気づいて正直恐れ入ってしまったらしい。

「さすが日本製だね。じつによくできている。すばらしい」という言葉を連発しながら、ためつすがめつ望遠鏡をなでまわし、そしてとうとう思いつめたような顔つきで「いったいこれはいくらぐらいするものなのか」と値段を聞いてきた。

「日本で買えば、二百ドルくらいだけど、ここまで持ってくると、そうだねえ、その三倍くらいにはなるかもしれないよ」

「六百ドル……、ああ僕の小づかいなんかじゃとってもムリだ」と大きなタメ息をついた。

サンタクルスの街は、港街とはいってもネオンがそれほどともっているわけではないので、こんな町の中のホテルの前でも星はけっこうよく見えたが、ちょっぴり不満がないわけでもなかった。それは空がスモッグにおおわれたように、なんとなく白っぽくかすんでスッキリ晴れ上がってくれないからであった。

「ああ、このほこりっぽいのねえ……、これは大陸のサハラ砂漠から飛んでくる砂塵のせいなんだよ。ここ数年あちらの方が干ばつ続きでとくにひどいんだ」カルロス君は説明する。

「空のきれいな星のよく見えそうな場所ないかな」

「そうだねえ……。うん、テイデ山の中腹まで行けばずいぶんよくなるかもしれないぜ。二千メートルの中腹まで車で登って星を見ながら一晩明かすってのも面白いかもしれないな」

こうして私はカルロス君のいまにも分解しそうなオンボロ車に乗せてもらって、赤茶けた溶岩道路を三時間がかりで、このテイデ山の中腹の広っぱまでやってきたというわけである。

「暗くならないうち夕食をすませてしまおうよ」カルロス君はそういって、缶詰をいくつか開けてひろげた。「料理作るからっていうから期待していたら、なんだ缶詰ばかりじゃないか」「ぜいたくはいいっこなしだ。すぐそばの西アフリカじゃ、日照り続きで人間や動物がバタバタ飢え死にしてるっていうんだぜ……」

フォークで缶詰の中身をつっつきながら、真赤な夕日に照らされて長い影をひく巨大な溶岩の群れをながめていると、まるで数百万年前の太古の世界にタイムマシンで引き戻されたような錯覚におちいってしまう。

「この風景はどう贔屓《ひいき》めに見たって、カナリアの原産地ってイメージより、恐竜の原産地って方が似つかわしいよ。ほら、あの岩かげからブロントサウルスが出てきて、こっ

カナリア諸島の中心テネリフェ島にあるテイデ山（標高3718m）は、富士山によく似たコニーデ形の美しい活火山。今から70年前の大爆発が有名。

ちの岩かげからステゴサウルスが出てきてさ……」私が恐竜の真似をしながらひとりで悦に入っていると、カルロス君はそんなこと知るもんかといった顔つきで缶詰をパクついている。私の方はあれこれ勝手に想像の輪をますますエスカレートさせていくものだから、いつの間にやら恐竜の歩きまわる太古の世界に身をおいたような気分になってきてしまっていた。

「恐竜どうしがバッタリ出くわして、あわや食うか食われるかの戦いがはじまろうとしているなんてね。それを空から……」といいかけて私はぎょっとして息をのんだ。溶岩の陰から巨大な翼をひろげた真黒な鳥が突然おどり出してくるのが目に映ったからだ。

「わあっ、プテラノドンだ」大声で叫ぶと私は思わず腰を浮かせていまにも逃げだすような格好をしてしまった。プテラノドンというのは、長い口ばしと、コウモリのような巨大な翼をひろげ、大昔の空をわがもの顔に飛びまわっていた鳥のような恐竜である。それがこともあろうに現実にここに姿を現わすなんて「そんなバカな」私の頭の中は混乱した。その瞬間であった。そのプテラノドンは奇妙にけたたましい金属音をとどろかせて私の頭上を通りすぎて行った。

私の取り乱したようすを見てカルロス君はあきれ顔でいった。「落ち着きなさいよ。あれはコンコルドじゃないですか。ほら、超音速旅客機でいま話題になっているでしょう」

コンコルドの高速性能に目をつけた天文学者たちが、その機体の天井に窓を開けて、日食観測をしようとして——秒速六十メートルの速さで西から東へ移動していく月の影を、コンコルドで追っていくと、地上ではわずか七分間しか観測できない皆既日食がじつに九十分間も観測できる——この島の空港にやってきているということは知っていた。しかし、あまりにもタイミングよく飛んできたものだから、つい現実と超現実の世界が私の頭の中で交錯してしまって、すっかり取り乱してしまったのだ。それにしてもカナリア諸島のこの一種異様なムードを漂わせる風景と〝怪鳥〟コンコルドがこんなにマッ

スペイン風の白い壁と茶色の瓦屋根の家並みが印象的なテネリフェ島の小さな山村のたたずまい。火山島のせいなのだろうか、こんなおだやかな風景は珍しい。

チするとは思ってもみなかった。

この旅の帰り、パリのオルリ空港に展示してあるコンコルドを見ながら、〝コンコルドとカナリア諸島の旅〟なんて企画したら当るんじゃないのかなあなどと考えてみたりした。

コエだめの上の観望会――グアム島

雨の降る日曜日、上野の国立科学博物館で開かれた日本天文研究会の例会に、久しぶりで出席して、これも久しぶりの品川征志君と出会った。会がはねたあとで、数人の星仲間と、近くで夕食でも、ということになり、上野の坂をおりていった駅前近くの天ぷら屋の座敷に上がった。

品川君は、出されたマッチをすって、タバコに火をつけると、さもうまそうに一服吸い込み、それからこんどはゆっくり煙をはきだしながら、「そうそう、ベンさんが亡くなったってこと知らせましたっけね……」といった。私は、いきなりベンさんといわれて誰のことか、とっさにわからなかったが、それが十年前におとずれたグアム島で、一週間ほど世話になった民宿のおじさんであることを、ほどなく思い出した。

「えっ、グアム島のあのベンさんが……」

「そう、僕らが行ったときも、ひどいぜん息で苦しんでいたでしょう。やっぱりそのぜん息がもとで、今年の春心臓発作を起こし、亡くなったんだそうですよ」

私が星座見物の海外旅行というものを思いたって、実行に移した最初の地がグアム島であった。今でこそ、グアム島は、日本の行楽地のようになってしまっているが、今から十年前には、ベトナム将兵を送り迎えするパンナムが、週にたった一便飛んでいるだけで、その便を利用すれば、格安で行けるそうだ、という噂がそろそろひろがりはじめたころであった。その噂をききつけてきた品川君が、さっそく私に提案した。「グアム島まで往復五万円だそうですよ。南十字星を見られるのだったら安いじゃありませんか」

調べてみると、なるほど北緯十三度のグアム島では、南十字星が十七度の高さにまでのぼることがわかった。「望遠鏡持っていけば、日本からは見られない南天の星も撮れるってわけか、よし、決めた」安いとはいっても当時、学生だった品川君にとって、五万円の資金調達はなかなかたいへんなことであったらしい。アルバイトなどにはげんでみたものの、結局は親元に「三か月分の仕送りをいっぺんに送ってほしい」などと泣きついてしまうようなありさまであった。

初めての海外旅行というのは、出発が近づくにつれ、だんだん不安が増してくるものである。ましてわれわれ二人の場合は、望遠鏡を持っての星座見物であったから、「夜中に捕まったらどうする」ということにまで心配がおよび、とうとう下手な英語でおかしな弁解でもしたらかえって怪しまれるかもしれない、ということになってしまった。そこで羽田へ行く前に、国立科学博物館に立ち寄って、村山定男先生に弁解用の言葉をきちんと英訳して紙に書いてもらい、万一怪しまれたらすぐその紙を取りだして相手に見せることにしよう、ということになった。村山先生はこれから南十字星を見にいくのだと聞くと、なかばあきれ顔で「私は日本の天文ファンで、星を見に来たのであって、別に怪しいものではありません」と、英語で紙に書いて渡してくれた。結局、この紙が役に立つことはなかったけれども、今から思うと、われながら、これはじつにほほえましいことであったような気がする。——残念ながら、その紙は旅行の途中で失くしてしまったが、やはり今にして思うと、記念にとっておけばよかったと思っている。

「考えてみれば、ホテルの予約なども満足にして行かなかったのだから、ずいぶん無鉄砲なことをしたものだよね」

「まあ、若かったですからね……。あっそうそう、あのときの旅行記を、藤井さんが天文ガイドという雑誌に書いたでしょう。ベンさんのこともあって、ちょっとなつかしかったもので、コピーしてきたんですよ」品川君はそういって、もうだいぶ以前に雑誌に載った旅行記事のコピーを、かばんから取り出して私の前に差し出した。私はなつかしい気持で、その記事を読みかえしはじめていた。

『ショボショボ雨の降る羽田を飛びたったのは、三月二十六日の夜のことである。ジェット機でたちまち雲の上にでると、もういっぱいの星空がひろがってきた。ジェット機は一気に南下していくから、南の星座がぐんぐん高くなってくるのがわかる。二時間も飛んだろうか。進路がいくらか変わって、南天が見やすくなってきた。サソリ座の西どなりに、明るい星がチョンチョンと二つ、つづいてはっきり十字の形をした明るい星座が目にとびこんできた。「オッ、南十字だ、それにあの二つはα、βケンタウリだぞ」窓におでこをこすりつけて夢中で見入る。なにしろ生まれて初めて見る星が、そこに光っているのだから、興奮したってあたりまえだ。「思ってたよりずっといいや」「ヘェー、あれがねェ……」二人とも目をギョロギョロさせて感心する。こんな夜ふけにワァーワァーさわいでいるのは二人だけだから、スチュワーデスがおかしな目つきでこっちをにらんでいる。

羽田から三時間で、もうグアム島に到着、午前二時だというのに気温は二十度をこえてムッとする。でも、乾燥しているせいだろう、東京の夏よりずっとさわやかに感じる。ここの税関は荷物の中身など見ないで通してくれるが、さすがに六センチ屈折はひっかかってしまった。「これは鉄砲であるか?」「えー、冗談じゃありませんよ、望遠鏡……ほら、テレスコープですよ」といって、のぞくまねをすると、「アッハハ、わかったわかった、よく見えそうだね」といって笑いながら通してくれた。

飛行場は出たものの、予約してあったホテルの車がやっぱり迎えに来ていない。「予約の返事も何もないので、あやしいとは思っていたが……」と、望遠鏡の箱に腰をおろして「はて、どうしたものか」と途方にくれていると、グアム人にしては小柄な色黒のおっさんが、上手な日本語で話しかけてきた。事情を話すと、「オオ、あんなネズミの出るホテルに泊まることないよ、オレの家に泊めてあげるよ」そう親切にいってくれても、こっちは少々心配である。しかし、もともとが野次馬の二人のことだ。「どうせ泊まるなら、こっちの方が面白そうだし、それに田舎というから、星はよく見えるかもしれん……」かくて、いまはやりの民宿という次第になった。

森の中にある、ベンさんという人の家には、太った奥さんと十人の子どもたちがいて、ものすごいにぎやかさである。望遠鏡を組み立てる二人をとりまいて、盛んに話しかけてくる。「サザンクロスはあっちの空に出てくるよ」「チャモロ語で、星のことをプティオンというんだ……」「ねえ、まだ星見えないの」

夕食が終わったあと、急いで空を見に出る。どんな星空がでてくるか、まるであぶり出しでも見まもるようなわくわくした気分だ。「あっ、一番星、シリウスだ」と品川君が指さす。「ちがうちがう、あれはカノープスだよ。シリウスは、ほら、こっちの頭のてっぺんにいるだろう」「え、あれがカノープス……、さすがに高いところに見えるなあ……。おまけに日本で見るよりずいぶん白っぽくて明るいじゃないですか」

日本で見あげる星空の印象とは、かなり違う。南天の星は、ぐっと近づいて、北天の星はずっと遠ざかり、北極星など草むらの中に見えて、さえない顔色だ。こうやって星空を見あげているうちに、やっぱり南の地へ来たのだなあ、という実感がこみあげてくる。近所の子どもも大人も、望遠鏡を見せろとせがむので、しばらくは品川君の解説で即席の天体観望会をやる。なにしろはじめて望遠鏡をのぞくのだから「へェー」「ほー」「フーン」とおどろきの声を連発する。もっとも、なかには両目をつぶったままのぞいて、ひどく感心しているのがいるから、本当にわかって驚いているのかどうかは疑わしい。

夜が更けて、適当な観測地はないかと、懐中電燈を照らしながら捜していると、草っ原の中に、ひょっこり顔を出したコンクリートの、まことに好都合な場所があったので、さっそくここに陣取って、写真撮影をはじめた。なにしろ、カノープスから南の空は、初めて見る星ばかりで、星座も星の名前もさっぱりわからない。久しぶりに星座に邪魔されずに無邪気に星空をながめることができて、うれしいこと、うれしいこと……。もっとも、何もわからないはずのわれわれにも、すぐそれとわかったのは〝ニセ十字〟だった。「いや、まったく南十字に似ている。あわてものならきっと間違うだろうよ」飛行機からながめた本物より、やや暗くて大きめ、十字の形は、白鳥の北十字より、こち

いい観測場所を見つけたのだが……。

らの方がずっとしっかりしているかもしれない。

　やがて、南東の空から本物の南十字がしずしずと姿をあらわしてきた。ニセ十字よりはこぢんまりしているが、やはりこちらの方が明るくてずっといい。南十字の登場に、すっかりうれしくなった品川君、思わず手をたたいて飛びあがったまではよかったが、その瞬間、足元のコンクリートの一部が突然くずれ落ち、ぽっかり大穴があいてしまった。勢いあまって、その中へドドッと落ちこむ品川君を、夢中で抱きとめると、片足だけでひっかかっているのを引きあげ、恐る恐るライトで穴の中を照らしてびっくり。

「ドヒョッ！　この中はコエだめじゃないか」まさしく深い深い底の方に、いっぱいたまっている……。しかし、他にいい場所もなく、鼻をつまみながら、とうとう夜明けまでこの上でがんばった。

　椰子の葉かげから、やや傾きかげんに昇ってくる南十字は、やはり美しい星座である。

「こんなにわかりよい星座って、そうザラにはないですよね」「形がくずれてるっていう人がいるけど、ありゃ、実物を見たことのない人のセリフじゃないの。ε星なんかたしかに十字の交差するところからは、はずれているけど、そんなことぜんぜん気にならないしね。第一、他の四つの星が明るくて、暗いε星なんかまったく目につかないじゃない……」「南十字の形を真正面から見たように想像するから、形が少しゆがんでいるような気がするので、十字を斜め横から見てると思えばいいわけですよ。そう思ってながめると、ほら、立体感だって感じますよ」

カメラを三脚に固定したままで写真撮影したり、望遠鏡で星を追いながらガイド撮影したりしながら、にぎやかな天文談議が続く。ふだんはあまり口数の多くない私も、夜中になると、品川君につられて急におしゃべりになってしまう。南十字が高く昇ると、こんどはケンタウルス座のα星が、β星とならんで顔を出してきた。われわれにいちばん近い恒星かと思うと、地上では初対面なのに、「イヨッ」と気軽に声をかけたくなってしまう。ここで見る天の川の流れもおもしろい。とも座あたりからいったん南に低く下がってきて、南十字座あたりで、地平と平行に東に流れをかえ、ふたたびさそり座の方向に北上していく。まるで天の川の輪に、ぐるりととり囲まれているような感じがする。時々、その天の川の中から白い小さな雲がわいてきて、パラパラと雨を降りまいていく。スコールはどうせすぐ晴れるとわかっているから、望遠鏡とカメラのレンズだけがぬれないように、上着を脱いでかぶせ、われわれは裸で雨にぬれながら、ほかの晴れ間を見つけては、あきもせず星空を見つづけた。

南の空に昇った南十字とケンタウルス座のα星とβ星。これは私が初めてグアム島で写した南天の星座写真。わりと気に入っている。(固定撮影)

昼間は、ベンさんたちと泳いだり、椰子の実取りに出かけたり、夜は寝ないで星空見物。まったく愉快な天文旅行の一週間であった。……』

記事を読み終えると、そのときの旅行のようすが鮮明な記憶となってよみがえってきた。

「……で、ベンさんは、その後、ほんとうに日本人観光客相手の民宿をはじめたっていってたんじゃなかったかな。われわれは、ある意味じゃ、その実験台みたいなものだったんだな」

「ええ、民宿はじめたので、お客さんたのむ、という内容の手紙が、僕のところへその後何度か来てましたからね。きっとそうなんでしょう。でも、こっちから最初の一、二回返事を出しただけで、その後は連絡しないものだから……」

「亡くなったっていう知らせは……」

「ベンさんの民宿に泊まったという人から聞いたんです」

「この前、グアム島に、久しぶりに寄り道したんだけど、まるで変わっちゃってるんでびっくりしたよ。夜は街灯でぜんぜん星は見えないし、恋人岬なんて、岩にしがみつくようにして、下の海を見おろしたものだけど、今は階段や手すりなんかがちゃんと整備されていて、まったくつまらない。日本のホテルなんかも、すごいのがあってね、あれの進出には、ベンさんもきっと度肝を抜かれたんじゃないかな」

「今のグアム島は、とにかく日本人いっぱいの平和ムードなんでしょう。あのときはベトナム戦争たけなわのころで、星空の中へ、大型の爆撃機がひっきりなしに飛び立って行きましたよね。われわれが遊びにやってきているというのに、同じ年代のアメリカの青年は、これから人殺しに出かけて行く。なんだか妙に物悲しい気分にさせられたものでした」

「そういえば、あのころはまだ、横井さんが穴ぐらの中で生活してたんじゃなかったかな……」

「そうでした。夜中に出歩く怪しいやつらだっていうんで、じっと見られてたんじゃやないかって、あとで大笑いしたことがありましたっけ……」

出された料理に箸をつけるのも忘れ、いつまでも思い出話にふける二人の会話に、他の星仲間も黙ったまま耳をかたむけていた。

星空のブーメラン――オーストラリア

オーストラリアは、人口より羊や牛の方がはるかに多いという羊牛王国である。だから肉料理もまるで特大の〝わらじ〟でも食べているようにぼってりと厚く幅広く、私のように日本人としては比較的大食漢に属する方だろうと自負しているものでさえ、少々もてあまし気味になってしまうことがある。それが田舎の牧場ともなるとなおさらで、むこうは親切心か何かで出してくれるのだろうが、毎日これがつづくとなると、さすがにうんざりということになってしまう。

今日も今日とて、私は星好きな牧場主ホッジさんのマトン料理の自慢話を聞かされながら、草原の真ん中でバーベキューの昼食をとっていた。いや、むしろ十二時きっかりに必ず昼食をとるというホッジさんの習慣にしたがって、なかば強制的にとらされていたといった方がいいかもしれない。とにかく、私の食卓の皿の上には、例の〝特大〟がのってジュージュー音をたてていた。私は昨夜はほとんど徹夜で星座の写真を撮りつづけていたので、眠くはあるし、食欲はないしで、ナイフとフォークはとりあげたものの、手をつけかねていると、やがてさめてしまった私の肉は、わっと集まってきたハエの群に占領されてしまった。あわててハエを追い散らし、急いで一切れの肉を口にほうりこむと、私のそのちょっとした手のすきをぬって、もうハエの群が肉にむらがっている。ハエを追っ払っては肉を口に運び、また追っ払っては口に運ぶという動作をくり返していると、ハエと人間が、まるで食い物争奪戦をしているようであり、どちらかというと、こちらのさもしさの方が妙に目だってきて、気がひけてしまうほどである。

もちろん、こんなにハエが多いのは、ここが牧場だからということもあるが、そればかりでなく、オーストラリアという国は、キャンベラのような首都であろうと、草原の片田舎であろうと、いったいにハエが多いのである。ただ、清潔なお国柄を反映してかどうかはしらないが、ハエが肉にとまろうが、美人の顔にとまろうが、日本で感ずるようなあの不快感が少しもないのはさすがといえるかもしれない。それにしても、まあ、しつこいハエどもに音をあげて、「旅行の本なんかにはあまり書いてないけど、オーストラリア名物の第一には、このハエの存在をあげなくっちゃなりませんよね」と、いささか皮肉めいた口調でいいたくもなってしまう。すると、ホッジさんは別に気にかけるでもなく、肉を焼く煙のむこうがわでニヤリとしながら「地上ばっかりじゃないさ、オーストラリアには、夜空にだってちゃんとハエが飛んでいるんだから」と言ってのける。

なるほど、そういわれてみると、日本からは見えない南半球の星空には、ハエ座という星座がちゃんと作られているのである。このハエ座という珍妙な星座は、フランスの天文学者ラカイユが、一七五〇年アフリカの喜望峰に出張して、南天の星々を観測したときに、新星座として夜空に設けたものである。だからオーストラリアのこのうるさい〝ハエ〟どもが直接のモデルになっているわけではないが、ラカイユさんも、今の私と同様、南アフリカのハエの大群に悩まされ続けたあげく、なかばやけくそ気味に星座の中にハエ座を加えたのではないかと思えてくる。

まだ星座の名を覚えたてのころ、南天の星座の中に〝ハエ座〟という名を見つけて、なんでこんなものをあのロマンチックであるべき星座の仲間に加えたのだろうかと首をかしげ、ラカイユさんの無粋さに非難めいた言葉を吐いたものだ。が、こうした体験をしてみると、あながちラカイユさんをせめることができないような気がして、ハエを追う手もにぶりがちになってしまう。

ただ、話しついでに、ハエ座の名誉のために、もう少しこの星座について弁明しておこうと思う。というのは、このハエ座という星座は、初めからハエ座であったわけではなく、ラカイユのずっと以前、ドイツの天文マニア、バイエルが、彼の全天恒星図ウラノメトリアを刊行したとき、その中に〝みつばち座〟として描いたのがそもそものはじ

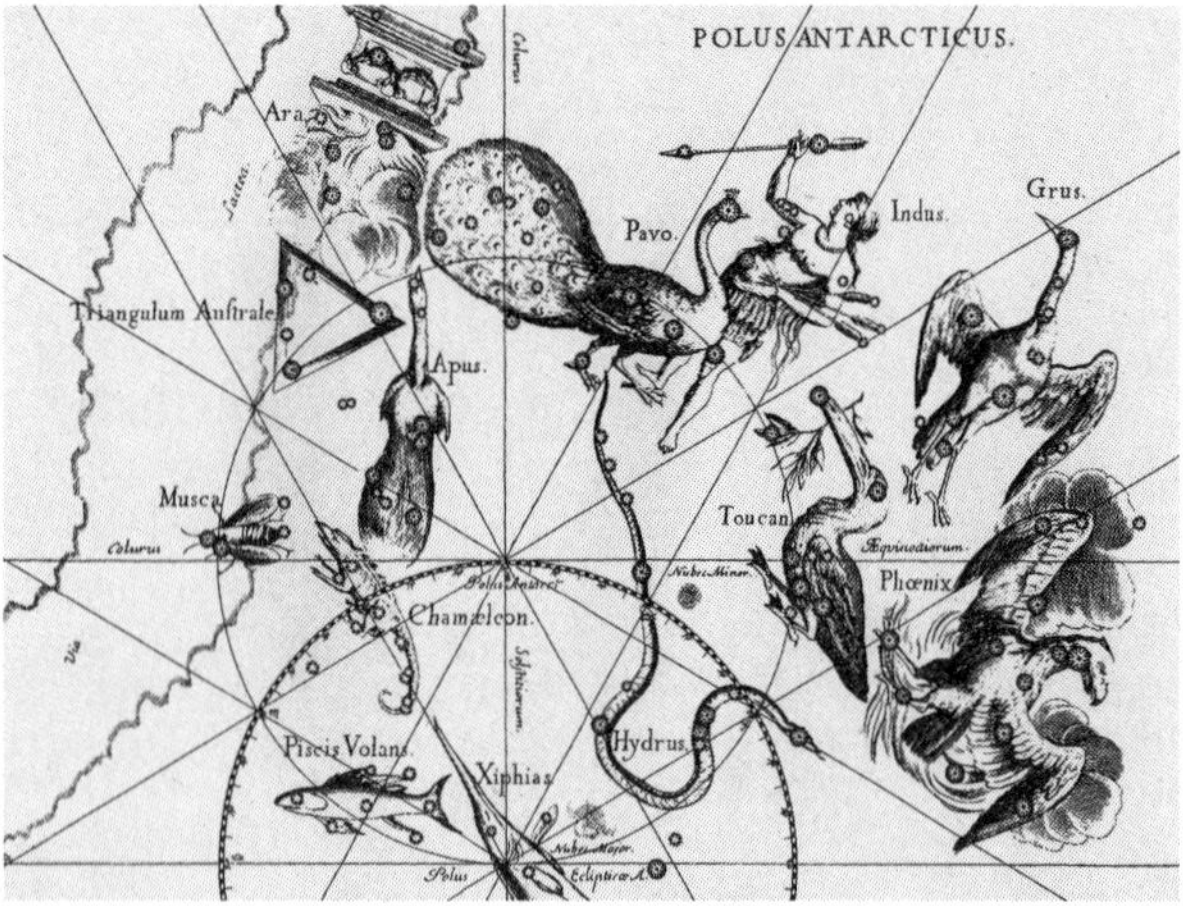

南天の星座絵。中央左に小さなハエ座の姿が描かれている。

まりだからである。それが、イタリアの天文家、リッチオリなどに引用されるころになると、なぜか〝みつばちまたはハエ座〟などとなり、さらにイギリスの天文学者で、ハレー彗星で高名なハレーのころには、〝はえ、みつばち座〟と逆転してしまい、バイエル以後百六十年後のラカイユの代にいたって、とうとう〝みつばち〟の方は消え去って、単に〝ハエ〟の名だけ残ってしまう。さらに念入りなことには、そのころすでに〝北バエ座〟というのがおひつじ座の背中のところに作られていたため、これと区別するために、正式名は、〝南のハエまたはインドバエ〟という奇妙に長たらしく汚ならしい名前になってしまったのである。もちろん北バエ座はその後廃止されてしまったので、今ではこちらの方が単にハエ座とだけよばれるようになっているわけであるが、じつは、このハエ座は、あの神聖であるべき南十字星の真南にくっついている星座である。だからオーストラリアなど南半球の空で、南十字星が空高くなるころには、その十字架の下にいつもハエがぶら下っていることになり、それを思い浮かべるたびに、何か別の星座にできないものかな、と思ったりする。もちろん個人的にハエにうらみがあるわけではないが、四等星以上の輝星が六個もせまい範囲にかたまっているという、南天にしては珍しく明るい星座だけに、この星座を見あげるたびにハエのようなポピュラーなものでなく、何か南の珍獣の姿にでもおきかえてやりたいような気がするのである。

ブーメランはこんなふうにかまえ、やや上向きに投げると、遠くまで飛んでみごとに手もとに戻ってくる。というのは名人のこと、たいていの人は結局遠くまで回収に走らなければならない。

やっとハエとの食事争奪戦にケリがついて、ひと息ついていると、突然ビューンという、何かが空を切るような音がして、私の耳もとを黒いものが飛んでいくように思われた。驚いてふり返ると、牧場のむこうの

半円形にカーブしたかんむり座。南半球ではこれが逆さまになって見える。

丘の上にジョーンズさんが立っていて、こちらにむかって手を振りながら白い歯をみせていた。ジョーンズさんはアボリジンの血をひく大柄な現地人で、ブーメラン投げの名人であり、それを観光客に演じてみせているホッジさんの仲良しの隣人である。「ちっとは、ブーメラン投げ上達したかな」ジョーンズさんは、私の前の椅子に腰をおろすと、愛用の絵入りのブーメランを大事そうになでながら話しかけてきた。それにはホッジさんが答えていった。

「この人ね、星の写真を撮るのは名人なんだけど、ブーメランだけはいつまでたってもさっぱりだね。まるで夜空に飛びっぱなしになっている、あのブーメランそっくりで、ちっとも手もとに帰ってこないんだから」それを聞くとジョーンズさんは大声で笑いながら、「アハハハ、夜空を飛んでるあのブーメランみたいにね……ちがいないね、ハハハ……」といった。私は苦笑しながらも、二人の会話の中にでてきた〝星空のブーメラン〟という言葉を聞きとめて、「星空のブーメランてなんのことです」と聞いてみた。「あれっ、まだ話してなかったっけね……」とホッジさんがいいかけると、横あいからジョーンズさんがいった。

「ほら、このごろ北の空低く見えているあいつ、エーと、かんむり座っていったっけね……。あのU字形をひっくり返したような星座、あの星のならびをね、私らの先祖は夜空を飛ぶブーメランと見ていたんだってさ。つまり、ブーメラン座ってわけさ」なるほど、かんむり座は日本からだと、七つの星がくるりと小さな半円形を描いて、初夏の星座として空高くかかっている。ここオーストラリアからでは、あのかわいらしい半円形がひっくり返って、ブーメランそっくりな形になり、しかもそれが北の地平線低くかかっているので、いかにも星空を飛ぶブーメランのように見えるというわけだ。

「へえー、北半球のかんむり座が、南半球ではブーメラン座とはね……」私は、きのうの夜ふけ、ユーカリの大木のシルエットの上に見た、私の〝投げっぱなしのブーメラン〟そっくりだというさかさまのかんむり座の姿を思いだしていた。

南十字と天の南極――グリーンアイランド

グリーンアイランドなどというと、ひどく大きな島のように思われるかもしれないが、なんのことはない、オーストラリアの北東岸一帯を南北に約二千キロにわたってつらなる大サンゴ礁群島グレートバリアリーフの中に浮かぶ、文字どおり緑におおわれた小さな島である。

ケーンズ町から船で一時間という手近なところにあるため、手軽にグレートバリアリーフのふんい気の味わえる島として人気があり、ちょっとした観光地にもなっている。

島内にはグラスボートの遊覧船や、おみやげを売る売店もあり、どういうわけかワニ園もある。といっても日本のそれとは大ちがいで、スピーカーから流行歌が流れてくるわけでもなく、それはそれは静かなものである。そして三十分もゆっくり歩くと、もう島の反対側に行きあたり、人の姿にはまったくお目にかかれなくなってしまう。

北の空高くからジリジリ照りつける太陽、どこまでも透明な大気と水、海岸の白砂の輝きがまぶしく、静かな波のささやきが心地よく耳にこだまするサンゴ礁の世界。

波の音ひとつしない真空の世界のような砂浜に寝ころんで、真青な海と空をながめていると、頭の中まで青一色の世界にぬりつぶされ、まるで青い宇宙空間にでも放り出されてしまったような錯覚におそわれ、ときどき、宙に浮いた自分の不安定な身体をささえるべく思わず望遠鏡の箱に手をかけずにはいられないほどである。

そんなときである。そばにあった石ころが突然ツツツーと歩き出してびっくりさせられてしまった。いささか回転のにぶくなった頭でぼんやり見つめると、私のまわりにころがる多くの石ころは、じつはみんな鳥がうずくまっている姿ではないか。

「そういえば、さっき海に足をつっこんだときも、てっきり海草だと思っていたものが、糸のように細い数万匹の魚の大群だったなあ」

この島のできごとといえば、せいぜいこの程度のものだから、私のような〝夜の人間〟にとっては、昼間の時間は退屈のかたまりのようになって、海岸の木蔭でゴロゴロしているしかしかたがなくなってしまう。

やっと一日という時間がたったことに気がつくのは、宵の明星が西のまだ青味の残る空に一番星として見えるころになってからだ。南東の空に南十字星が輝きを増すころになると、地上はもう鼻をつままれてもわからないほどの暗さで、星の輝く夜空のほうがずっと明るく、空に目をむけていないとなにやら不安でしょうがない。

これほどの暗い空なら、本来は夢中で望遠鏡をあちこちに向けてのぞき見したり、カメラにおさめたりしているのだが、夜もすっかりこの島のペースにまきこまれてしまったのか、今夜はなぜかのんびりムードだ。

砂浜に寝っころがって、しばらくの間南の空を見あげていると、やっぱり緯度が南緯十七度くらいと低いせいなのだろう、大マゼラン雲の方はあざやかに見えるのに、小マゼラン雲の方は今の季節では西に低すぎて見えにくい。このあたりの緯度ではまだ南天の星々の見え方に少し不満が残ることに気がついた。

「ま、いずれもっと南に下がれば周極星としてお目にかかれることだし」と気をとりなおして、いよいよ南天の星座写真の撮影の準備にとりかかった。

望遠鏡にカメラを取り付け、星の日周運動の動きに合わせて星を追いかけるガイド撮影の方法では、赤道儀の極軸をまず天の南極の方向に正しく向けることから始めなければならない。この極軸を天の南極に合わせるということは、地球の自転軸と望遠鏡の極軸を平行にするということで、星座写真を写すためにはまずやっておかなければならないなかなかに大切な作業なのである。ところが、あいにくなことに天の南極には、北半球での北極星に相当するような明るい目じるしになる星がないので、ファインダーで実際に見える南極付近の暗い星と星図の位置を見くらべながら天の南極の位置を見つけ出さなければならず、北天でのそれにくらべると少々やっかいである。もっとも、天の南極のごく近くにもまったく手がかりになる星がないわけでもない。それは、天の南極から角度にしてわずか五十二秒ばかり離れたところに、八分儀座のσ星という五等星がたったひとつぽつんとかすかな光を放っているからである。したがって、これさえ見つけ出せればよいわけであるが、なにせ五等星というさえない星ではあるし、近所にきわだった特徴をもつ星のならびも見あたらないので、慣れないうちはこれがなかなか見つけだしにくい。そこで、まず大ざっぱにその位置の見当をつけるために登場してもらうことになるのが、かの有名な南十字星である。

南十字星というと、椰子の葉陰にきらめく明るいひとつ星を想い浮かべるという方をときおり見うけるが、実際は、正しくは南十字座であって、四個の明るい星がややかしいだ十字形にクロスしている全天一小さな豆〝星座〟のことなのである。この小さな十文字のうちの長いタテの一辺、つまりγ星とα星を結んでその長さをやや東寄りに四倍半ばかりのばすと、そこがおよそ天の南極の位置にあたり、南十字座さえ見えていれば、いつでもどこでもすぐに真南の方角を知ることができるわけである。

今夜も、うまいぐあいにその南十字が横に寝そべったような形で南東の空に姿を見せてきたので、いつものとおりさっそくやってみると、これがやはりなかなかに便利な見つけ方で、「ああ、あれが八分儀座のσ星か」とすぐわかった。

この島のように空さえ暗ければσ星は肉眼でもちゃんと見えているし、σ星をつかまえてしまえば、あとはファインダーで付近の星を詳しく見くらべて天の南極の位置をきめればよいから、南半球での極軸合わせは案ずるよりはやさしいといえるのかもしれない。

「昔の船乗りたちが南十字から、真南の方角を知ったという話も、なるほどこうやって実際に役立ててみるとうなずけるねェ……」などと、ひとりごとをつぶやきながら、あらためて感じ入っていると、そのときである。人っ子ひとりいない浜辺だとばかり思っていたのに、いきなり懐中電燈でパッと照らし出され一瞬目がくらんでしまった。腹立ちまぎれに「ライトを消さないか!」と大声でどなりかえして振り向くと、すぐ後ろに、

グレートバリアリーフは、オーストラリアの東岸でじつに2000kmにわたってつらなる大堡礁。その中にぽっかり浮かぶ小さな小さなグリーンアイランド。

警備員とおぼしき二人の大男が立っているではないか。そして、「君はここで何をしているのかね」と妙に重々しい疑い深げな声で私に問いかけてきた。「おいでなすったな」星を見ていての職務質問めいたものなら、日本ではしょっちゅう経験しているから応答は手なれたものである。

「この島で見る星空は世界でも第一級のものじゃないかな」と、ちょっとおせじをいっておいて、「まあいいから、ちょっと望遠鏡をのぞいてごらんなさいな」とすすめる。

日本の過激派の連中がこのあたりの海岸に潜入して海中訓練をしているという〝ウワサ〟が流れていたときでもあるので、彼らは暗やみの中で怪しげな筒を振りまわしている私を一味と怪しみ、そっと近づいてきたものらしい。それをいきなり「まあ、星でも見てごらんよ」とやられたものだから、いささかひょうしぬけしたらしい。

ひとりが私のすすめにしたがって恐る恐る腰を曲げて望遠鏡をのぞき「オーッ」と声をあげた。すると、もうひとりの方も警戒心はどこへやら「早くしろよ」とせかす。じつは望遠鏡の視野の中には土星が入れてあったのだ。世界中のどんな人が見ても、まずまちがいなく驚きの目をみはる天体は、麦わら帽子のような輪をもった土星だと私はよく承知しているので、いつもの手を使ったまでのことだった。

望遠鏡をのぞき終わった彼らの目は、あきらかに驚くべきものを見てしまったときの、ちょっと興奮した目つきであったし、私に対する目つきも、ちょっぴり尊敬じみたものがあった。おそらく望遠鏡をとおして星の正体を見たのは、二人にとって生まれて初めてのことだったにちがいない。

星を見ていて、とっつかまることはよくあることだが、そんなときにはけっしてクドクド弁解しないで、星をまず見せてやることだ。日本だってどこだって悪人でないことはすぐにわかってくれる。いい証拠にこの二人も私自身への職務質問めいたことにはひとこともふれずじまいで、望遠鏡とカメラへの〝職務質問〟ばかりにバカに熱心になってしまっていた。

「……ところで、この日本製のすばらしいカメラは星を写すためにここにくっついているのかね」

カメラに興味あるらしいひとりが、望遠鏡の先に取り付けてあるニコンを指さして聞く。私は、この問答はちょっとめんどうだなあと思いながらひととおりの説明はしてみることにした。

「あんなに明るく見えても星の光はとっても弱いものなんですよ。だから五分間から十分間くらいずっとシャッターを開けたままにして、たっぷり露出時間をあたえてやらないとよく写ってくれないんです。でも、困ったことに星も太陽や月と同じように東から西へ動いていますからね、カメラをじっと置いたままにしたんじゃ星の動いて行った跡が線になって写ってしまうんですよ……」

「ああ、そういえばたしか夜の風景写真で線を引いて星が写っている写真見たことあるよ」

「……でしょう。だから星が線を引かないように、星の動いて行くとおりにカメラを望遠鏡にくっつけ追っていくわけですよ。すると星はずっとフィルム上の一点にとどまっていることになり、星は目で見たとおり点に写り、しかも星の動きが濃く写せるってわけです」

腕を組んで聞き入っていた二人はなんとかこの説明を理解することができたらしい。

「そういえば、星や太陽の動きは、地球が自転しているためだってことを昔学校で教わったおぼえがあるけど、するとなにかね、地球の自転の速さと同じスピードで望遠鏡を動かして星を追っていくってわけなのかい……。フム、なるほどね。しかし、この望遠鏡見たところどこにもスイッチやモーターらしいものついてないようだが……」

「モーターでやるんじゃありませんよ。望遠鏡の視野の中の十字線上に目じるしの星をおいて、その星が十字線からはずれてしまわないように、この手、この手でハンドルを操作しながらじりじりと追ってゆくんです」

〝この手〟というところを強調して説明しながら実際に赤経ハンドルを操作してみせ、「どうです、ためしにやってみませんか」とすすめてみる。二人は手で操作するのだと聞いてひどく驚いたらしい。大きな手のひらを私の手のひらに重ねて、「あんたとは、こんなに手の大きさが違うんだよ。そんな器用なことできっこないじゃないか」といって大声をたてて笑った。

星のあやとり――ニューギニア

移動するときは、できるだけ夜の便で星をながめながら、と、欲ばって、香港から午後九時発のポートモレスビー行きに乗った。この便は、ほぼ南東に向かって飛ぶので、進行方向に向かって右側の窓ぎわにすわると、ずっと南天の星空を見ながら赤道を越えることができる。そこで、出発まぎわ、カウンターに行き、「向かって右側の窓ぎわの席にしてくれませんか」と、左側の席のナンバーの打ってある搭乗券を見せながらたのみこむと、いかにも心得たような「星でも見ながら行こうってわけですか」と、これまた意外な返事が戻ってきた。どうやら、ときどきは、そういう物好きな理由から席の変更を申し出る人もあるらしい。それなら話は早い。私もあつかましさに自信ができて、むりやり右側の窓ぎわに陣取ることに成功した。

ジェット機は、雲のはるか上を飛んでくれるので、空の透明度は申し分なく、あのきゅうくつな小さな窓からでも、六等級の微星はもちろん、星雲、星団や流れ星など、地上より一段とするどさを増した輝きを見せてくれる。しかも、地上とちがって、天候の心配などまったくなしに、飛行時間中まるまるたっぷり楽しむことができるので、私は窓ガラスにひたいをこすりつけ、上下左右に目をくるくる回転させながら、あきもせず星空をながめつづけた。星のことに気がつかなければ、夜のあの退屈極まりない飛行時間中、眠れぬままでもじっと目を閉じたままですごすしか手がないのかもしれないが、私のような星マニアになると、せっかく四方を星にかこまれていながら、目を閉じているなど、あまりにもったいなくて、とてもできることではない。まして、今回のように南の方へ向かって飛行するとなると、これまでお目にかかれなかった南天の星々が、眼下のはるかな地平線の暗やみの中から、次々に顔を見せてくれるようになり、今、まさに地球の丸みにそってどんどん南下しているのだという実感が胸にこみあげてきて、これがまた、なんとも言いようのない、ひそやかな快感となって身を走るのである。

途中、マニラに立ち寄って、それから二時間半、窓ごしに見える南十字星や、ケンタウルス座のα星β星などの高度がかなり高くなってきたところをみると、ジェット機はどうやら赤道を越えたらしい。小さな窓ガラスに双眼鏡をぴったりくっつけ、手もとの小さな星図帳をたよりに、大小マゼラン雲をさがすが、もう西の空へ下ってしまったのか、見つけることができない。ふと、反対側の席の小さな窓のむこうをのぞきこむと、

ポートモレスビーは、緑の丘の上に点々と住宅がつらなる美しい首都。目のさめるようなコバルト色の湾にはたくさんのヨットが浮かんでいる。

あかね色にそまった東の空から、明けの明星が姿をあらわし、その前面を、それと同じくらい大きな流れ星が横ぎって飛ぶのが見えた。香港から五時間、雨の降りしきるポートモレスビーの空港に着いたときには、空はもうすっかり明るくなってしまっていた。

南洋の雨はすぐ降りやむと聞いていたのに、いっこうにその気配もなく、かなり本格的な降りぐあいだ。心配になって、「これで今晩晴れるかしらねえ」と、雨やどりしながら軒下にすわりこんでいる老人に声をかけてみた。老人は片目をあけ、じろりと私を見あげると、どうして夜の天気なんか気にするのだ、と言わんばかりのうさんくさそうな顔つきで「いまは雨降りの季節だでな、それに今年は天気が少しおかしいだよ……」としわがれ声で答えた。そして、どうも、まずい時期にきてしまったらしいなと、あごに手をやりながら渋い顔で空を見あげる私の様子をみると、「でも、心配することたぁないさ、どうせいつかは晴れてくるんだからな」ともつけ加えた。「まあ、そういうわけだね」

私は気をとりなおし、昼から博物館へ出かけたり、コキの市場をひやかしたり、おきまりの観光で時間をつぶしていると、そのうち南の海の水平線から、海の色と同じくらい青い空が、こちらへ向かってひろがっているのに気づいた。「しめた！」

ホテルへ戻って早目に夕食をすませると、大急ぎですぐ前の浜辺にかけ出し、例によって、小さな望遠鏡を組み立てると、暗やみを増した夜空は、もう、一面の星の世界へと変っていた。

東の椰子の木々が黒いシルエットとなって浮かびあがっているのは、どうやら、天の川が昇ってきたかららしい。すると、その天の川のずっと南の延長上には、ケンタウルス座のα星とβ星、南十字星とつづいているはずだと、その流れにそってたどっていくと、もうすっかり見慣れた南の星々の輝きが、つぎつぎと目に入ってきた。しかし、南緯九度のこのあたりでは、天の南極はさすがにまだ低く、水平線もわからない真黒な南の海の上あたりの、もやのけぶりの中にかすんでいる。

私はその近くに、二、三の小さな星つぶを見つけると、どうやらあのあたりが〝ふう

コキのマーケットはいつも大にぎわい。とても食べられるとは思えないような派手な色彩の大海老や魚、果物など海の幸、山の幸がいっぱい。見るだけで楽しい。

ちょう座〃だな、と見当をつけ、双眼鏡を向けた。〃ふうちょう〃というのは、いかにも聞きなれない名前であるが、これは、つまり〃風鳥〃のことで、このニューギニア一帯に棲息する、あの美しい羽毛をもった極楽鳥のことである。だから、風鳥座などといわずに、いっそ極楽鳥座とでもいいかえた方が、わかりよさそうな気もするのだが、一般によく知られた極楽鳥という名の方は、じつは俗名なのであって、正しくは、やはり風鳥というのだそうである。そして、その風鳥という名の由来が、いかにもまた変っていて面白いのである。

というのは、ニューギニアの高地に住む原住民は、大へんにおしゃれ好きで、昔から極楽鳥の羽毛などをふんだんに使った儀式用の見事な頭飾りを作っていたが、その場合、不要な足の部分は、みな切り取ってしまっていた。それが、マゼランの航海以後、ヨーロッパに伝えられたものだから、その足のない極楽鳥の剝製を見た人々は、この美しい鳥こそ一生地上の枝にとまることなく、風にまかせて飛びつづける、あの天国の鳥にちがいない、と考えて風鳥と名づけたという。

さて、その風鳥の姿をさっそく星座に加えたのは、一六〇三年に世界で最初の全天星図〝ウラノメトリア〟を公刊した、ドイツの法律家で、天文マニアのバイエルである。彼も風鳥なるものの評判を聞いて関心をもったのだろう。南方に航海していた探険家たちの記述をもとに、それまで星座のなかった南天部分に、十二の新星座を設けたとき、そのうちのひとつとして、この風鳥座を天の南極の近くに加えて発表したのである。もっとも、初版本のおりに、銅版工が風鳥のつづりを一字彫り違えてしまって、星座絵の姿は、ちゃんと鳥の姿に描かれているのに、星座の名前は、なんと〝インドばえ〟というつや消しな名前になってしまった、といういきさつがあったりして、この星座の名は、しばらくの間、インドばえ座とか、インドの鳥座などと混乱していたというから、これも愉快な話ではある。

　じつは、私が最初にこの〝ふうちょう座〟に目をむけたのは、星空の風鳥の姿は、やはりここニューギニアの夜空で見あげるのが似つかわしかろうと、かねがね思っていたからである。しかし、全天八十八星座のうち、日本からはまったく見ることのできない四星座の中に含まれるだけあって、ニューギニアからでも、まだ、この星座をながめるには高さが不足で、双眼鏡の視野の中でさえ、手のゆれに合わせ、パラパラといくつかの星が踊っているだけで、とても極楽鳥のあの華麗な姿など想像できるものではない。「まあ、もともとが星のならびを考えて作られた星座でもないしな……」などとぶつぶつひとりごとをつぶやいているうちに、足もとがやたらにかゆいことに気がついた。どうやら、気がつかぬうちにあちこち蚊にさされてしまったらしい。「マラリア」私は、この言葉を思い出すと、大あわてでホテルの部屋に戻り、用心のためマラリア予防薬五粒をぐっと飲みこんだ。刺されてしまってから予防薬を飲んでみたところで、どうにもならないのだろうが、それにしても、星を見るためにマラリア予防薬を用意しておかなくてはならないのだから、楽園のように見えるこの島のきびしい自然の一面がわかろうというものだ。

　勝手なもので、予防薬を飲んだら急に気が大きくなって、蚊の攻撃など、ちっとも苦にならなくなった。小さな懐中電燈を片手に、ガサゴソ海岸を歩きまわりながら、望遠鏡をのぞいたり、カメラで星座の写真を撮影したりしているうちに、なぜか人の気配を感じ、ドキリとしてあたりを見まわした。

夢中で星空を見ていたので、それまでまったく気がつかなかったのだが、私のすぐそばで、やはり同じように星空を見あげている二人連れがあったのだ。二人とも私のすぐそばにいながら、一言もしゃべらないものだから、私もつい気づかなかったのだが、ふんい気から察するに、どうやら恋人どうしらしい。

「いや、あの……、今晩は。ずいぶん星がきれいな晩ですねえ……フー」照れながら思わず日本語で声をかけると、彼女の方はニッコリ笑顔を見せ、彼の方は「望遠鏡ですね、一度のぞいてみたかったのですよ」と、きれいな英語で話しかけてきた。「ええ、いいですとも、いま頭の真上にいるのが土星ですから、あれがいいでしょう」といって、いつものように世界中のだれもが大好きな土星を望遠鏡の視野に入れて見せた。

「まあ、ずいぶんちっちゃくて可愛らしいのね」「……ほお、うわさどおりきれいなもんですね」

二人とも、初対面の不思議な天体の姿にいたく感動したらしく、すなおに驚きの表情をみせた。これがきっかけとなって、あの星、この星と、せがまれることになってしまったが、星雲にしろ星団にしろ、この小さな望遠鏡では、やはり力不足なのだろう、最初の土星ほどに彼らを驚かせたものはないように見うけられたので、話題をかえ、このあたりで極楽鳥は見られないだろうかと聞いてみた。二人は、しばらくの間、なにやら話しあっていたが、「極楽鳥《バード・オブ・パラダイス》ならマウント・ハーゲンのバイヤ・リバー・バレーの鳥類保護園に行くと見られますが……、でも、極楽鳥と星と、何か関係でも……」と答えながら聞きかえしてきた。「じつは、極楽鳥が星座になってましてね。ほら、ずっと水平線に近いあたり、明るい星がないからよくわかりませんけど、あの南十字《サザンクロス》の左下のあたりですよ」と言いながら、南のほとんど水平線のあたりを指さした。その付近は、まだ、もやにけぶっているらしく、星らしいものはほとんど見えなかったが、彼らは興味をひかれたようすでその方向に目をやりながら、「あの極楽鳥が星座になっているなんて知りませんでした。しかし、ヨーロッパ婦人の装飾用として珍重されたためか、ひどく乱獲されたことがありましてね。今ではこの国の保護鳥になってしまっています」とつぶやいた。

話が一段落すると、彼女は何を思いついたのか、細いヒモをとり出し、丸い懐中電燈の光の中で、手つきもあざやかに〝あやとり〟を始めたのである。「ほら、これが天の川、天の川は濃くなったり薄くなったりするものなのよ」これにはびっくりしてしまった。あやとりが日本独特のものではなく、世界中どこにでもあるものだとは聞き知っていたが、まさか、こんなところで、星のあやとりが見られるとは思ってもみなかったからだ。しかも、天の川は濃くなったり薄くなったりするといいながら、見事にその様子を演じてみせられたのだからなおさらのことだ。実際、日本でいうと、夏のいて座付近の天の川は、銀河系の中心方向にあるために濃く、反対側の冬の天の川は淡いのである。つまり、季節によって天の川の濃さがちがって見える、という科学的な事実が、するどい観察によって見抜かれ、あやとりの手順となって表現されているのである。ニューギニアに古くから伝わるという、このあやとりを、彼女の手ほどきでなんとか覚え、日本へのおみやげにしようと思ったが、あまりに複雑怪奇な手順なので、とうとうあきらめてしまった。彼女は「そんなにむつかしくないのにね」と言って、彼と顔を見あわせ、笑いながら、もう一度あざやかな手つきで、さもことなげに、ほんとうの天の川の見える星空の下で演じてくれた。

翌朝、ホテルの前で、出かけようとする二人に、また会った。「昨夜はどうもありがとう。とってもいい思い出になりました。私たち、新婚旅行の途中なんです」彼女はお礼にと、私に小さな木彫の人形を渡しながら、ちょっとうわ目づかいに恥ずかしそうに小声で言った。彼女は、ニューギニアの女の人たちがそうするように、ちぢれた毛のひたいのところから、草の繊維で編んだヒモの長い小さなカバン——いや、それはむしろハンドバッグとでもいった方が適切なのかもしれないが——を、背中にまわしていた。そして二人とも裸足だった。彼の方は、名前はもう忘れてしまったが、ある部族の長の息子で、大学を卒業したばかりだという。きっと、新生パプア・ニューギニアの新世代のにない手となる人なのだろう。ジャングルの中に姿を消す前に、二人はもう一度ふり

日本に帰って、あやとりの名手と自称する友人の阿部さんにニューギニアの天の川のあやとりのことを話したら、それはいいものを見せてもらいましたねということであった。阿部さんはすでにこのあやとりのことをよく知っていて、見事に再現してみせてくれたが、私はいまだに手順を覚えられないでいる。

返って笑顔で手を振った。二人の口元からこぼれた歯の白さが、二人の心からの幸福をあらわしているようであった。

五匹のカメ――マディラ島

カサブランカから大西洋上に浮かぶこのマディラ島までは、まる二日間の船旅であったが、二日ぶりに踏みしめる陸の感触の心地よさには格別のものがあった。たかだか二日間くらいの船旅でなんと大げさな、と思われるかもしれないが、乗り合わせた船が四千トン級のからっぽのカーフェリーで、腰高だったためと、波が少々高かったせいもあって、船にはいささか自信のある私もさすがに軽い船酔いを覚えて、ゆれない陸のありがたみをしみじみと足元に感じたからである。

それになにより、いくら横ゆれ防止装置がきいているとはいっても、船の甲板上では五十倍も倍率のある望遠鏡の視野に星を導いて、じっくり見つめるということはできないから、久しぶりに望遠鏡を組み立てて、ゆっくり星を楽しむことができるというのもまたうれしいことであった。

緑の急斜面にそってどこまでもつらなるレンガ色の屋根と白壁の家並み、いたるところ花が咲き乱れ、マディラ島はまるでメルヘンの島のよう。

港の灯が、おだやかな水面にいくつもの長い光の帯となって映え、ゆらゆらゆれるのを眺めながら、鼻うたまじりに小さな望遠鏡を組み立てていると、突然背後でガチャンとなにかが倒れるけたたましい音が起こった。驚いて振り返ると、たったいま組み立てたばかりの望遠鏡の三脚に何者かが激しくぶつかって、三脚とからみあってころんだところであった。

暗がりの通り道に不用意に三脚を立ててしまったことを悔いながら「大丈夫か」と声をかけて走りよった私は、そこに意外なものを見て目を見張った。なんと私の三脚にぶつかってころんだのは大きなカメだったのだ。

甲羅の大きさがゆうに一メートルもあろうかという大ガメが、私の三脚の上でモゾモゾもがいている光景は夜目にはなんとも異様なものである。が、さらに驚いたことには、そのカメの下から子どもの手足がニュッとあらわれ、やがて年のころ十歳くらいの大きな目をした女の子が顔をのぞかせ、私と目を合わせると、さもバツが悪そうに起きあがってきたのである。

私は、一瞬、自分の目の前にころがっている大きなカメと女の子と三脚との奇妙な関係が、いったいどうなっているのか理解することができず、ぼんやりしていた。しかし、すぐ、桟橋の近くから、こちらの様子を心配気な顔つきでながめているみやげ物売りのおじいさんの姿を見つけておおよその察しがついた。

この女の子は大きなカメの剝製を背中にしょって、このおじいさんの店へ届ける途中、私の三脚とうっかり衝突してころんでしまったらしいのである。

私は剝製の大ガメを手にもちあげると、女の子の手をひいてみやげ物売りのおじいさんのところへ行き、私の不注意をわびた。白い口ヒゲをたくわえた人のよさそうなおじいさんは、商売用のカメが無傷だったことをたしかめると、「どうってことありませんや、それよりあんたのほうは大丈夫ですかい」といって、ころがったままになっている私の三脚を指さした。

おじいさんの露店には、大きなカメから小さなカメまで五匹ほどが行儀よく一列にならべられてあった。どうやらこれは、船の観光客目当てのみやげ物らしかった。私が興味深そうに、甲羅や頭を指でつついているのをみると、おじいさんは「いまどきは、こんないい出ものが少なくてね、どうですあんたも一匹」といった。「地球の裏側の日本まで無キズで持って帰るのがちょっとむずかしいからね……」と断り顔でいうと、「まあね」といって、おじいさんは正直そうに首をすくめてみせた。

山の頂まで点々と人家の灯のともるマディラ島の島影の上には、半月より少しふくらみを増した八日月が、春の宵の気分そのままに、いくぶんけだるい輝きを見せてかかっていた。

倒れた三脚を起こして望遠鏡を組み立てると、私はまず、この月に望遠鏡を向け、久しぶりに月世界にくりひろげられる谷や山やクレーターの景観を楽しんだ。そうしているうちに、ふと、人の気配を感じて望遠鏡から目を離すと、さきほどの少女が私の方をじっと見つめているのが目にとまった。私は手まねきで望遠鏡をのぞいてみないかと誘ってみた。彼女はさもうれしそうに小走りに寄ってくると、私の格好をそのまま真似て望遠鏡をのぞいた。

しかし、しばらくすると何も見えない、というジェスチャーをした。私は〝ははあん〟と思いあたることがあったので、彼女にもう一度のぞいてみるようにすすめて、その顔をのぞきこんでみた。案の定、両目をきっちりつぶってのぞいている。「あははは、望遠鏡をのぞくときにはね、のぞく方の目はあけるんだよ」彼女はいくぶん顔をあからめながら望遠鏡をのぞきなおすと、今度は信じられないといったような顔つきで、夜空の月と望遠鏡の中の月を黙って指さしながら、同じものかと手まねで私に聞く。「そうだよ。あの月の世界ってこんなになっているんだよ」とうなずいてみせると、くるりと振り返り、おじいさんのほうに向かって、飛びあがるようにして手まねきをした。おじいさんもさきほどから望遠鏡の方が気になってしかたがなかったらしく、彼女によばれると露店をそのままに大急ぎに走り寄ってくると、望遠鏡をのぞき「ああ、なんてすごいものを見てしまったのだ」というように両手を頭にやってうなった。

それをきっかけに、望遠鏡を気にしながら近くにたむろしていた港の人々や船の観光客がいっせいに寄り集まってきて、少女とおじいさんなどそっちのけで、望遠鏡ののぞきあいをはじめた。

翌日、船の観光客を乗せて島めぐりの観光バスが出ると聞いて、さっそく乗りこむと、昨夜の少女が私の姿を目ざとく見つけて勝手にバスに乗りこんできた。愛くるしい笑顔を見せながら彼女は私のそばにちょこんとすわると、あちこち島の風景を指さしては私の注意をうながしてくれた。

そして島の人々がダンスに興じていれば、照れる私の手をひっぱって、その輪の中に招き入れ、島の山頂から石畳の急坂をカゴに乗ってすべり降りる風変りな乗り物があれば、いちばんよさそうなカゴを見つけてきてくれるのであった。私は、私の望遠鏡と島の少女の奇妙な出会いのおかげで、ほかの観光客よりはるかに楽しいマディラ島の三日間をすごすことができた。

マディラ島はポルトガル領。けっして豊かとはいえないが、純朴な島の人々の表情はいつも明るい。

四日目の朝、船が出るとき、私はあいかわらず港に露店をひろげているおじいさんと、その横にちょこんとすわっている少女を見つけると、船の上から大きく手を振った。彼女らもそんな私に気づいて手を振りはじめたが、おじいさんの剝製のカメはあいかわらず五匹であった。私は、少しずつ小さくなっていくおじいさんと少女と五匹のカメを見ながら、ふとこの三日間、少女が一度も話し声らしいものをたてなかったことに気づいた。

「彼女は口が不自由だったのか……」

あとがき——一九七六年八月

星をながめていさえすればごきげんという、少々〝星気狂い〟の感のある私にとっての旅の目的となると、これはもう、行く先々でポカンと大きな口をあけて天空をながめたり、望遠鏡をのぞいたりという夜遊び以外には考えられないことになる。しかも、その行き先が、もっぱら南半球にかぎられているから、このごろでは「またちょっと出かけてくるよ」といえば、「こんどは南半球のどこらあたりなのかね」と、わざわざ「南半球の……」と限定して友人が聞き返すほどになっている。

星を見るだけのことなら、なにも海外まで出かけなくても、一日一回ぐるりとひとまわりしてくれる地球上に住んでいるのだから、日本にじっとしていたって星空をぐるりと見渡すことができるではないか、と思われる方がいるかもしれない。確かに地球は一日一回転してくれるから、その上にのっていさえすれば、どこやらの回転レストランのように星空という景色をひととおりぐるりと見渡すことができる。しかし、それは東西方向だけの回転であって、残念ながら南北方向には回ってくれないのである。つまり、北半球にある日本という位置にいるかぎり、自分の足元、いいかえれば、地面の裏側で輝いている南半球の星空というのは永久にお目にかかることができないことになるわけである。

このことが「赤道を越えさえすれば南半球の美しい星々にお目にかかれるというのに、それをよく見たことがないというのは、せっかく宇宙に生まれながらちょっぴりくやしいではないか」という、私の南半球旅行の妙な口実になってくれているわけでもある。

もっとも、最近の私の星の旅は、南半球へばかりとは限らなくなってきている。というのは、一見、同じように見える北半球の星空にも、その見あげるところによって、見え方感じ方にじつにさまざまな味わいの違いがあることに気がついたからである。

たとえば、日本とはほとんど緯度も変わらず見える星も、同じゴビ砂漠の星空に例をとってみれば、ゴビの星空の輝きはいかにも激しく、闇に包まれた地上の世界を威圧するかのように、夜ごと頭上から覆いかぶさり、人々はただその光の洪水の中で声をひそめて夜明けのくるのをじっと待つしかないように見えるのである。そういう星空の下にばかりいると、こんどは日本の星空がいかに〝やさしい輝き〟に満ちたものであるかということにあらためて気づくのである。

このように、見るところどころによって同じ星空がこんなにも異なったイメージとなって映るということは、私にとってもちょっとした驚きであり発見であったが、それと同時に、それぞれの民族の抱く星空への感情なり歴史的な宇宙観なりを理解するためには、少なくとも、その人々の生活と同じ場所に身を置いて星空を見あげるのでなければならないのではないかという、私のささやかな考えが、そう的はずれでないことを立証しているような気がしたのである。そして、それがまた、このごろ南半球だけにとどまらず北半球のあちこちへ足を向けることになってしまった大きな理由ともなっているわけである。

こんなわけで、私の星の旅は、新たな星空との出会い、人々との出会いを楽しみに南へ北へとこれからもまだまだつづくことになりそうである。

ところで、本書に収録した旅行記の多くはかつて雑誌「天文ガイド」や「旅行ホリデー」誌上に連載したものを新たに書き改めたものであるが、執筆に当ってお世話になった天文ガイドの田村栄さん、色川弘さん、勝野源太郎さん、旅行ホリデーの関根柳祐さん、高橋保夫さん、河出書房の阿部昭さん、友人の丹野顕さん、それに私の旅におつきあいいただいた多くの方々のご厚意に心からお礼申し上げたい。

文庫版あとがき――一九八六年七月

三か月にわたったオーストラリアの砂漠でのハレー彗星観測を終え戻ってくると、「星の手帖」誌の編集長阿部さんから「文庫にまとめなおしたいので『星の旅』の写真類の整理を至急やってもらえないだろうか」との電話が入った。アルバムに貼るでもなく本棚の奥の菓子箱に無造作にしまいこまれた当時の旅の写真を見つけ出し、久しぶりに見入っているうちに、かつて小さな望遠鏡片手に気楽気ままに世界のあちこちを歩きまわっていたころの思い出が妙な新鮮味を増してよみがえり、思わず日当りのよい縁側で時をすごすことになってしまった。

私の〝星の旅〟は、もちろん本書に集録されたもの以後もあきもせずこりもせず続いている。旅の形態なんかにはこだわらない方がよいと思っていることもあって、それは一人旅のこともあれば二人旅のこともグループや大団体でのこともあって、旅のタイプはじつにさまざまである。行き先だって何度も訪れなおした場所もあれば二度と訪ねることもなさそうな土地もある。もちろん、今回のハレー彗星の追跡観測をしたときのように、その土地に腰を落ち着け、なかば住みこむようにして地元の星仲間たちと生活を共にしながら文字通り星空をエンジョイすることもある。つまり、好き勝手気ままに星の旅を物好きにも続けているという点では、本書の〝星の旅〟のころと変わるところは何ひとつないのだが、星の旅の経験が積み重ねられていくという点だけは否応無しに変わってくるわけで、現在の旅にとどまらず過去の旅も、そして未来の旅へのあこがれも含め、私自身の中で〝星の旅〟への受けとめ方が、その時々で微妙に変化し続けていることも事実だ。

そこで今回、「新たにその後の星の旅も書き加えてみてはどうか」という阿部編集長の注文はひとまずおことわりさせてもらうことにして〝当時の感性〟で気楽につづった『星の旅』を原形のままで文庫におさめてもらうことを望んだというわけである。

かつて、南半球で初めて本格的に南十字星付近の銀河の流れをカメラにおさめ、興奮さめやらぬ思いで星座天文学の大先輩、野尻抱影先生に差し上げ、「シャッターを切る君の指もその神秘さにためらいふるえたことでしょう」と大そう喜んでいただいたことがあった。〝星の旅〟への自分自身の受けとめ方が微妙に変化していく中で、少しも変わらないものがあるとすれば、それは旅の星空に向かってシャッターを切るあの一瞬の

ハレー彗星。76年ごとに訪れる宇宙の旅人ハレー彗星の史上30回目の登場をとらえたもの。頭部にハレー彗星探査機ジオットが突入中だ。（1986年3月14日、西オーストラリアで撮影）

ためらいにも似た指先のふるえであるような気がする。

解説　ほとばしる星への情熱

渡部潤一（天文学者）

先日、久しぶりに旅先で星空をじっくりと眺める機会があった。広島県の呉の南にある蒲刈《かまがり》という小さな島でのことだ。そこには海岸から少し高台になった場所に小さな天文台があって、来訪者に星を見せてくれる。ドームに収められた大きな望遠鏡で惑星や天体を眺められるだけでなく、広い屋上のようなテラスではベンチに座って、あるいは寝転んで、肉眼で星座を辿ったり、流れ星の出現を待ったりすることができるようになっている。私が訪ねた日は、幸いなことに日中からとてもよく晴れていて、夜まで快晴が続いた。そのテラスからは日没後、次第に暮れて色が変わっていく瀬戸内海の景色と、その上に広がる星空をゆっくりと眺めることができた。ほのかに薫る潮の匂いと、微かに波の音が聞こえる中で、刻一刻と暗くなっていく空には、星たちが次々と現れてきて、やがて星座を辿れるようになっていった。そうして薄明が終わる頃には、鈴虫の鳴き声をバックに、夏の天の川が蕩々《とうとう》と瀬戸内の海に流れ落ちている様子が堪能できた。以前から、瀬戸内海の海に浮かぶ島で満天の星を眺めてみたいと思っていたのだが、それまではなかなか機会に恵まれなかった。ついにその念願が叶ったということになる。

それにしても星好きにとって、旅先で星空を眺めるほどよいものはない。天文学的には同じ緯度であれば全く同じ星空が現れているはずなので、どこで見ても変わらないはずである。少し天文学をかじったことのある方であればわかることだ。しかし、実際は全く違った印象になることが多い。もちろん、周囲の地形の関係で、切り取られる星空が異なることもあるが、それだけではない。その場所の周囲の環境、特に人工灯火の具合や、その夜の月明かりの有無、そしてなによりもその場所が持つ独特の雰囲気によって、同じ星空なのに星の見え方、感じ方がまるで異なってくるのである。もちろん緯度が違えば全く違った星空が現れる。そんな旅先で、それぞれの星空を五感で感じること。それこそが藤井旭さんが追い求めていた「星の旅」のひとつの形態だったのではないだろうか。瀬戸の海に流れ落ちる天の川を眺めているうちに、そんな想いが湧いてきた。

藤井旭さんといえば、一九七〇年代から九〇年代を天文少年少女で過ごした人たちには憧れの存在であったと思う。一九四一年に山口に生まれ、上京して多摩美術大学でデザインを学んだ後、星のよく見える福島へと移住したのは有名な話だった。私も藤井さんに憧れた一人である。福島県の会津で育った天文少年として、同じ福島県を拠点に活躍されていた藤井さんをごく身近に感じながらも、仲間として入れてもらえるほど親しくなれたわけではなかったのは、憧れの気持ちが自ら壁を高くしていただけかもしれない。もちろん、藤井さん自身の根っからシャイな性格から、見ず知らずの人と会話することを避けていたせいもあるだろうことは、後から知ったことだ。

中学生の頃だったと思うが、福島県内の天文仲間の集まりがあったときに、私はのこのこと出かけていって、ご本人にお会いしただけでなく、勝手にご本人の写真を撮らせて頂いたのが個人的にはとても嬉しい思い出であった。藤井さんは、当時から天文雑誌を中心に最新の天体写真技術を駆使して、それこそ世界中が憧れたパロマー山天文台の写真集はもう古い、と思わせるような素晴らしい天体写真を次々と発表された。アメリカの天文雑誌"Sky & Telescope"に写真が掲載されるのはもちろん、掲載される写真の顧問のようなことまでしていたほどだ。それだけではない。天文雑誌や単行本に掲載されるユニークなイラストや卓越した文章が、読者の心を捉えて離さなかった。われわれの世代だけでなく、広くもっと若い人たちに、世代を超えて星や宇宙の魅力を、そして興味関心を高めた方であったことは間違いない。少年少女時代に藤井さんの著作の影響を受けて過ごした天文学者も少なくない。その証拠に日本天文学会は二〇一九年度の天文教育普及賞を藤井さんに授与している。「天文台創設・著作・天文行事主導等、多岐にわたる天文学の教育普及」が、その理由である。ここでの天文台とは、その頃には珍しかったプライベートな天文台「白河天体観測所」のことで、星好きの仲間と共に那須に建設し、数々の発信の拠点となったところである。また、天文行事とは、福島県の浄土平ではじめた「星空への招待」という、日本における最初の星祭りである。多くの天文学者からの支持があったことも、藤井さんの評価がいかに定着しているかを如実に表していると思う。

私が藤井さんに目をかけてもらうきっかけとなったのは、一九七七年に隕石が落下した事件からだった。よく晴れた夜、栃木から福島、それも私が住んでいた会津地方の上空を大きな火球（隕石落下を伴うような明るい流れ星）が衝撃波を伴って南から北へと流れていったのだ。火球が飛行中に発する衝撃波は、まるで爆発音のように広範囲に轟き渡るため、大騒ぎとなった。私自身は残念ながら見なかったのだが、何人かの天文仲間が目撃していたことから、その火球の経路特定に役立つと思い、聞き取り調査を始めると同時に、福島の天文関係の大先輩である大野裕明氏に電話ですぐにお知らせしたのだ。たまたまその場に藤井旭さんがおられたようで、その顚末が後にベストセラーとなった藤井さんの著作『星になったチロ』に描かれ、私がそこに実名で登場しているのである。

ちなみに、この火球を伴った隕石は、その経路の調査から山形県の小国地方に落下したと推定されたため、「小国隕石」と命名されることになった。隕石の専門家であった国立科学博物館の村山定男先生を筆頭にして、小国隕石捜索隊が編成され、奥深い山中を落下した隕石を多くの人たちが探し回る様子は当時のメディアを賑わせた。残念ながら、小国隕石そのものは見つからなかったのだが、この騒動を契機に山形県の民家に眠っていた隕石がふたつも見つかったのは、思わぬ副産物であった。

その後、私は天文学を究める道へと入り、あれから半世紀も過ぎようとしていることに時の流れを感じると同時に、高校生だった私を著書で取り上げて頂いたときの御礼もまともに言えなかったことを藤井さんの訃報を聞いて悔しくてならなかった。二〇一六年のこと、私の広報活動二〇周年記念の祝賀会を開催したときも、藤井さんにお越し頂いたのだが、ゆっくりとお話しできなかったのが今更ながら悔やまれた。それだけに、藤井旭さんの『星の旅』が文庫本として再刊されると聞いて、これほど嬉しいことはなかった。しかもそれは藤井さんの著作の中で、私が最も好きなものだった。

本書はとてつもない量の藤井旭さんの著作の中でも、際だって藤井さんの星にかける情熱と、それに伴った行動とがよくわかるエッセイ集だ。世界中を旅しながら、その国その場所での星空を徹底的に楽しんでいる様子と、旅の道すがら、その土地の人々とのふれあいのエピソードが軽妙なタッチで描かれていて、心打たれるシーンがいくつもある。藤井旭さんの著作の中に、よくある星座や天文学の紹介にとどまらない秀逸なエッセイ集となっていて、いま改めて読み返しても、その情熱に裏打ちされた体験談の斬新さは全く色あせていない。

旅先も一九七〇年代としては一般の人にとって行くのが難しいところが多く、読み進めば読み進むほど興味深く、そして羨ましくなったものだ。モンゴルのゴビ砂漠から始まり、ニュージーランド、バイカル湖、イースター島、アリゾナ、モーリタニア、マラケシュ、ガラパゴス、リマ、アマゾン、チリ、グアヤキル、カナリア諸島、グアム、オーストラリア、グリーンアイランド、ニューギニア、マディラ島と、その訪問先の多さとバラエティには当時はおろか、現在でも圧倒されるだろう。それぞれの地ならではの星の描写が続くだけでなく、現地での人々との出会いを織り交ぜて、読者を飽きさせない展開も大きな魅力だ。天文ファンでなくともマニアの旅行記として面白く、楽しく読めるのではないかと思う。

藤井さん自身が感激したと思われる記述が如実に表れているのが、なんといっても日本からは見ることのできない南天の星たちとの出会いである。ニュージーランドの空港に降り立ち、いきなり頭上に南十字星を見いだしたときの感激は、

私は間違いなく南半球にいて、白河の観測所とは逆だちするように立っているのだ、というぞくぞくするような快感が背すじを走るのをおぼえた。

とまで記されている。その後にマウントクック山麓へ移動してから眺めた南天の星空の見事さを前に、

これまで見たこともないような美しい星空に、なかばあきれはて、なかばやけくそ気味に「さあ殺せ」とさけびたいような気分になって、雪の上に大の字に寝ころぶと、望遠鏡を組み立てることも、カメラで写真を撮ることも、すっかり忘れて、なかば放心状態で星空をながめつづけた。

と、高揚する気持ちが行動につながっている。そして、この章末には、旅行記としてはあまりそぐわないような南天の天体の説明が天体毎に詳細に書かれているのも、藤井さん本人が感激していたからに他ならない。その数十年後、藤井さんは南天の星空の素

晴らしさに魅せられた末に、オーストラリアに個人で天文台を建ててしまうことになるのだが、すでにその兆候は現れているといえるだろう。

もちろん、ぼんやりと眺めるだけでなく、持参した機材を広げて、星の写真を撮影しようとする熱意もすさまじい。当時はまだデジタルではなく、いわゆる銀塩写真の時代で、それはそれは大変な時間と労力を必要とするものだった。星を点像として残すためには、天体望遠鏡にカメラを載せ、日周運動に伴って星が動いていくのを追尾する必要がある。最近でこそ電動で自動追尾するのが当たり前になっているが、当時は撮影中、ずっと望遠鏡を覗きながら、ずれないように手で望遠鏡を微妙に動かしていくという「手動追尾」の時代である。実に大変な時間を費やし、ほぼ一晩中星空と対峙していたため、場合によってはホテルの部屋で寝ている時間はほとんど無かったのではないか、と思う。

さらに印象深いのは、藤井さんが旅先で多くの人に望遠鏡を覗かせて、その素晴らしさをさりげなくアピールしているところだ。オーストラリアのグリーンアイランドでは、夜中に不審に思った警備の人に、まずはともかく望遠鏡を覗かせて事なきを得るエピソードがある。夜中に動き回る不審な天文ファンが、警察の職務質問や警備員に声をかけられたときに、望遠鏡を覗いてもらい、疑惑を解くのは万国共通の手段である。覗いた人を虜《とりこ》にして、驚愕させるだけの魔力が天体望遠鏡にはあるのだ。まだまだ天体望遠鏡が珍しい時代、それもどこからやってきたかわからない東洋人が、いきなり望遠鏡を組み立てていれば、それは日立つに決まっている。しかし、藤井さんはそんなことはお構いなしなのだ。来る者は拒まず、サービス精神旺盛に、あちこちで星の説明をし、そしてともかく望遠鏡を覗かせるのだ。カナリア諸島では青年に長い間、望遠鏡を占有されてしまいながらも、会話を弾ませる様子や、マディラ島の少女に月を望遠鏡で見せたときの驚愕の様子は、本エッセイの真骨頂だ。あぁ、こんなふうに魔法のような力のある天体望遠鏡をひっさげて、自分もあちこちで星をたくさんの人に見せられたらなぁ、と天文少年だった私が強く刺激されたことは間違いない。これも藤井さんが多くの著作を書いたのと同じく、星の素晴らしさを多くの人に知って欲しいという気持ちの表れなのだろう。偶然に同好の士に出会ったエピソードもほほえましい。サンチャゴで当時としては珍しい南天専用の「逆さま星図」と出会い、十枚も購入しようとして、それを製作した現地の天文ファンと知り合うシーンは、私の記憶にずっと残っていた。その後、私が機会があってサンチャゴに行ったとき、もしかすると、と思って探してはみたものの、見つからなかったのは残念だった。時代が違うと言えばそれまでの話なのだが、それでも『星の旅』は、時代を超え、若い天文ファンの心を刺激し続ける、藤井旭さんの名作中の名作であることだけは間違いない。

ところで、今回改めて読み直しながら、気づいたことがある。たくまざるユーモア、文章の構成などが、私の書くものととてもよく似ているのだ。考えてみると、そんなはずはなかった。逆だった。小中学生の頃に何度も本書を読み返しているうち、私の書く文章が藤井旭さんのものに似てきたのだ。

＊本書は一九八六年に河出文庫で刊行された『星の旅』を再文庫化したものです。
＊本文中、今日では差別表現につながりかねない表記がありますが、作品が書かれた時代背景と作品の価値をかんがみ旧版のままとしました。

星《ほし》の旅《たび》

二〇二三年一一月一〇日　初版印刷
二〇二三年一一月二〇日　初版発行

著　者　藤井旭《ふじいあきら》
編集協力　岡田好之・株式会社星の手帖社
発行者　小野寺優
発行所　株式会社河出書房新社
〒一五一－〇〇五一
東京都渋谷区千駄ヶ谷二－三二－二
電話〇三－三四〇四－八六一一（編集）
〇三－三四〇四－一二〇一（営業）
https://www.kawade.co.jp/

ロゴ・表紙デザイン　粟津潔
本文フォーマット　佐々木暁
印刷・製本　中央精版印刷株式会社

Printed in Japan　ISBN978-4-309-42016-5

犬の記憶

森山大道　41897-1

「路上にて」「壊死した時間」「街の見る夢」――現代写真界のレジェンドの原点を示す唯一無二、必読のエッセイ的写真論。写真約60点を収録し、入門的一冊としても。新規解説＝古川日出男。新装版。

犬の記憶　終章

森山大道　41898-8

「パリ」「大阪」「新宿」「武川村」「青山」――現代写真界のレジェンドの原点を示す唯一無二、必読の半自伝。写真約50点を収録し、入門的一冊としても。新規解説＝古川日出男。新装版。

愛のかたち

小林紀晴　41719-6

なぜ、写真家は、自殺した妻の最期をカメラに収めたのか？――撮っていいのか。発表していいのか……各紙誌で絶賛！　人間の本質に迫る極上のノンフィクションが待望の文庫化！

マスードの戦い

長倉洋海　41853-7

もし彼が生きていたなら「アフガニスタンの今」はまったく違ったものになっていただろう――タリバン抵抗運動の伝説の指導者として民衆に愛された一人の戦士を通して描く、アフガンの真実の姿。

世界を旅する黒猫ノロ

平松謙三　41871-1

黒猫のノロは、飼い主の平松さんと一緒に世界37カ国以上を旅行しました。ヨーロッパを中心にアフリカから中近東まで、美しい風景とノロの写真に、思わずほっこりする旅エピソードがぎっしり。

香港世界

山口文憲　41836-0

今は失われた、唯一無二の自由都市の姿――市場や庶民の食、象徴ともいえるスターフェリー、映画などの娯楽から死生観まで。知られざる香港の街と人を描き個人旅行者のバイブルとなった旅エッセイの名著。

アァルトの椅子と小さな家

堀井和子　41241-2

コルビュジェの家を訪ねてスイスへ。暮らしに溶け込むデザインを探して北欧へ。家庭的な味と雰囲気を求めてフランス田舎町へ——イラスト、写真も手がける人気の著者の、旅のスタイルが満載！

巴里ひとりある記

高峰秀子　41376-1

1951年、27歳、高峰秀子は突然パリに旅立った。女優から解放され、パリでひとり暮らし、自己を見つめる、エッセイスト誕生を告げる第一作の初文庫化。

にんげん蚤の市

高峰秀子　41592-5

エーゲ海十日間船の旅に同乗した女性は、ブロンズの青年像をもう一度みたい、それだけで大枚をはたいて参加された。惚れたが悪いか——自分だけの、大切なものへの愛に貫かれた人間観察エッセイ。

果てまで走れ！　157ヵ国、自転車で地球一周15万キロの旅

小口良平　41766-0

さあ、旅に出かけよう！　157ヵ国、155,502㎞という日本人歴代１位の距離を走破した著者が現地の人々と触れ合いながら、世界中を笑顔で駆け抜けた自転車旅の全てを綴った感動の冒険エッセイ。

HOSONO百景

細野晴臣　中矢俊一郎〔編〕　41564-2

沖縄、ＬＡ、ロンドン、パリ、東京、フクシマ。世界各地の人や音、訪れたことなきあこがれの楽園。記憶の糸が道しるべ、ちょっと変わった世界旅行記。新規語りおろしも入ってついに文庫化！

うつくしい列島

池澤夏樹　41644-1

富士、三陸海岸、琵琶湖、瀬戸内海、小笠原、水俣、屋久島、南鳥島……北から南まで、池澤夏樹が風光明媚な列島の名所を歩きながら思索した「日本」のかたちとは。名科学エッセイ三十六篇を収録。

砂漠の教室

藤本和子　41960-2

当時37歳の著者が、ヘブライ語を学ぶためイスラエルへ。「他者を語る」ことにあえて挑んだ、限りなく真摯な旅の記録。聞き書きの名手として知られる著者の、原点の復刊！（単行本1978年刊）

娘に語るお父さんの戦記

水木しげる　41906-0

21歳で南方へ出征した著者は、片腕を失い、マラリアに苦しみながらも、自然と共に暮らすラバウルの先住民たちと出会い、過酷な戦場を生き延びる。子どもたちに向けたありのままの戦争の記録。

ローカルバスの終点へ

宮脇俊三　41703-5

鉄道のその先には、ひなびた田舎がある、そこにはローカルバスに揺られていく愉しさが。北海道から沖縄まで、地図を片手に究極の秘境へ、二十三の果ての果てへのロマン。

旅の終りは個室寝台車

宮脇俊三　41899-5

「楽しい列車や車両が合理化の名のもとに消えていくのは淋しいかぎり」と記した著者。今はなき寝台特急「はやぶさ」など、鉄道嫌いの編集者を伴い、津々浦々貴重な路線をめぐった乗車記。新装版。

終着駅へ行ってきます

宮脇俊三　41916-9

鉄路の果て・終着駅への旅路には、宮脇俊三鉄道紀行の全てが詰まっている。北は根室、南は枕崎まで、25の終着駅へ行き止まりの旅。国鉄民営化直前の鉄道風景を忘れ去られし昭和を写し出す。新装版。

汽車旅12カ月

宮脇俊三　41861-2

四季折々に鉄道旅の楽しさがある。１月から12月までその月ごとの楽しみ方を記した宮脇文学の原点である、初期『時刻表２万キロ』『最長片道切符の旅』に続く刊行の、鉄道旅のバイブル。（新装版）

終着駅

宮脇俊三　41944-2

幻の連載「終着駅」を含む、著者最後の随筆集。あらゆる鉄路を最果てまで乗り尽くした著者が注いだ鉄道愛は、果てしなくどこまでも続く。「鉄道紀行文学の父」が届ける車窓の記録。新装版。

時刻表2万キロ

宮脇俊三　47001-6

時刻表を愛読すること四十余年の著者が、寸暇を割いて東奔西走、国鉄（現ＪＲ）二百六十六線区、二万余キロ全線を乗り終えるまでの涙の物語。日本ノンフィクション賞、新評交通部門賞受賞。

わたしの週末なごみ旅

岸本葉子　41168-2

著者の愛する古びたものをめぐりながら、旅や家族の記憶に分け入ったエッセイと写真の『ちょっと古びたものが好き』、柴又など、都内の楽しい週末“ゆる旅”エッセイ集、『週末ゆる散歩』の二冊を収録！

中央線をゆく、大人の町歩き

鈴木伸子　41528-4

あらゆる文化が入り交じるＪＲ中央線を各駅停車。東京駅から高尾駅まで全駅、街に隠れた歴史や鉄道名所、不思議な地形などをめぐりながら、大人ならではのぶらぶら散歩を楽しむ、町歩き案内。

山手線をゆく、大人の町歩き

鈴木伸子　41609-0

東京の中心部をぐるぐるまわる山手線を各駅停車の町歩きで全駅制覇。今も残る昭和の香り、そして最新の再開発まで、意外な魅力に気づき、町歩きの楽しさを再発見する一冊。各駅ごとに鉄道コラム掲載。

温泉ごはん

山崎まゆみ　41954-1

いい温泉にはおいしいモノあり。1000か所以上の温泉を訪ねた著者が名湯湧く地で味わった絶品料理や名物の数々と、出会った人々との温かな交流を綴った、ぬくぬくエッセイ。読めば温泉に行きたくなる！

居酒屋道楽

太田和彦　41748-6

街を歩き、歴史と人に想いを馳せて居酒屋を巡る。隅田川をさかのぼりはしご酒、浦安で山本周五郎に浸り、幕張では椎名誠さんと一杯、横浜と法善寺横丁の夜は歌謡曲に酔いしれる——味わい深い傑作、復刊！

瓶のなかの旅

開高健　41813-1

世界中を歩き、酒場で煙草を片手に飲み明かす。随筆の名手の、深く、おいしく、時にかなしい極上エッセイを厳選。「瓶のなかの旅」「書斎のダンヒル、戦場のジッポ」など酒と煙草エッセイ傑作選。

魚心あれば

開高健　41900-8

釣りが初心者だった頃の「私の釣魚大全」、ルアー・フィッシングにハマった頃の「フィッシュ・オン」など、若い頃から晩年まで数多くの釣りエッセイ、紀行文から選りすぐって収録。単行本未収録作多数。

魚の水(ニョクマム)はおいしい

開高健　41772-1

「大食の美食趣味」を自称する著者が出会ったヴェトナム、パリ、中国、日本等。世界を歩き貪欲に食べて飲み、その舌とペンで精緻にデッサンして本質をあぶり出す、食と酒エッセイ傑作選。

わたしのごちそう365

寿木けい　41779-0

Twitter人気アカウント「きょうの140字ごはん」初の著書が待望の文庫化。新レシピとエッセイも加わり、生まれ変わります。シンプルで簡単なのに何度も作りたくなるレシピが詰まっています。

季節のうた

佐藤雅子　41291-7

「アカシアの花のおもてなし」「ぶどうのトルテ」「わが家の年こし」……家族への愛情に溢れた料理と心づくしの家事万端で、昭和の女性たちの憧れだった著者が四季折々を描いた食のエッセイ。

おばんざい　春と夏

秋山十三子　大村しげ　平山千鶴　41752-3

1960年代に新聞紙上で連載され、「おばんざい」という言葉を世に知らしめた食エッセイの名著がはじめての文庫化！　京都の食文化を語る上で、必読の書の春夏編。

おばんざい　秋と冬

秋山十三子　大村しげ　平山千鶴　41753-0

1960年代に新聞紙上で連載され、「おばんざい」という言葉を世に知らしめた食エッセイの名著がはじめての文庫化！　京都の食文化を語る上で、必読の書の秋冬編。解説＝いしいしんじ

こぽこぽ、珈琲

湊かなえ／星野博美 他　41917-6

人気シリーズ「おいしい文藝」文庫化開始！　珠玉の珈琲エッセイ31篇を収録。珈琲を傍らに読む贅沢な時間。豊かな香りと珈琲を淹れる音まで感じられるひとときをお愉しみください。

ぱっちり、朝ごはん

小林聡美／森下典子 他　41942-8

ご飯とお味噌汁、納豆で和食派？　それともパンとコーヒー、ミルクティーで洋食派？　たまにはパンケーキ、台湾ふうに豆乳もいいな。朝ごはん大好きな35人の、とっておきエッセイアンソロジー。

ぷくぷく、お肉

角田光代／阿川佐和子 他　41967-1

すき焼き、ステーキ、焼肉、とんかつ、焼き鳥、マンモス!?　古今の作家たちが「肉」について筆をふるう料理エッセイアンソロジー。読めば必ず満腹感が味わえる選りすぐりの32篇。

パリっ子の食卓

佐藤真　41699-1

読んで楽しい、作って簡単、おいしい！　ポトフ、クスクス、ニース風サラダ…フランス人のいつもの料理90皿のレシピを、洒落たエッセイとイラストで紹介。どんな星付きレストランより心と食卓が豊かに！

女ひとりの巴里ぐらし

石井好子　41116-3

キャバレー文化華やかな一九五〇年代のパリ、モンマルトルで一年間主役をはった著者の自伝的エッセイ。楽屋での芸人たちの悲喜交々、下町風情の残る街での暮らしぶりを生き生きと綴る。三島由紀夫推薦。

いつも異国の空の下

石井好子　41132-3

パリを拠点にヨーロッパ各地、米国、革命前の狂騒のキューバまで——戦後の占領下に日本を飛び出し、契約書一枚で「世界を三周」、歌い歩いた八年間の移動と闘いの日々の記録。

巴里の空の下オムレツのにおいは流れる

石井好子　41093-7

下宿先のマダムが作ったバタたっぷりのオムレツ、レビュの仕事仲間と夜食に食べた熱々のグラティネ——一九五〇年代のパリ暮らしと思い出深い料理の数々を軽やかに歌うように綴った、料理エッセイの元祖。

東京の空の下オムレツのにおいは流れる

石井好子　41099-9

ベストセラーとなった『巴里の空の下オムレツのにおいは流れる』の姉妹篇。大切な家族や友人との食卓、旅などについて、ユーモラスに、洒落っ気たっぷりに描く。

早起きのブレックファースト

堀井和子　41234-4

一日をすっきりとはじめるための朝食、そのテーブルをひき立てる銀のポットやガラスの器、旅先での骨董ハンティング…大好きなものたちが日常を豊かな時間に変える極上のイラスト＆フォトエッセイ。

もぐ∞

最果タヒ　41882-7

最果タヒが「食べる」を綴ったエッセイ集が文庫化！　「パフェはたべものの天才」「グッバイ小籠包」「ぼくの理想はカレーかラーメン」etc.＋文庫版おまけ「最果タヒ的たべもの辞典（増補版）」収録。

著訳者名の後の数字はISBNコードです。頭に「978-4-309」を付け、お近くの書店にてご注文下さい。